有事から住民を守る

―自治体と国民保護法制―

国民保護法制運用研究会　編著

東京法令出版

はじめに

危機管理業務の幅が広がりつつある。幅が広がりつつあると言っても、実はその課題が最近急に出てきたわけではなく、実際には以前からの課題であったものが、最近の情勢の変化の中で顕在化してきたと言った方が適切なのかも知れない。

例えば、「消防」の業務に限ってみても、基本的に、自然災害や人的災害、火災対応、救急救助など国民の生命財産を保護する広い分野にわたっていることは今更指摘するまでもないことだが、実はこのことは、法律の上でもきちんと位置づけられていることは意外に知られていない。

消防組織法第１条では、「消防」について、「国民の生命、身体及び財産を火災から保護する」一方、「水火災又は地震等の災害を防除し、及びこれらの災害に因る被害を軽減することを以て、その任務とする」と定めている。消防という言葉で表現される任務は実に広いものであり、「消防」の言葉は、実は「防災」も含む幅広い意味をもともと持っているのである。こうした言葉の意味を改めて「顕在的」に考えることも必要なのである。

さて、21世紀は自然災害の世紀であるということが言われ始めている。東海地震、東南海地震、南海地震の発生が高い確率で予想され、首都直下地震の可能性もあるとされ、政府ではそれらを想定した中央防災会議の専門部会を立ち上げている。火山災害の可能性も議論されている。地震考古学が専門の東大生産技術研究所寒川教授は21世紀前半における巨大災害の可能性について過去の災害履歴から次のような指摘をしておられる。

・地震には100点満点の地震がある。1707年の宝永地震がそれで、この時には、南海トラフがすべて割れて、南海、東南海、東海地震が同時に起きた。そしてその４年前、1703年には相模トラフが割れ、江戸が元禄大地震に見舞われた。元禄地震は関東大震災の約４倍の大きさで、マグニチュード8.3の巨大地震だった。そして、1707年の年末には富士山まで噴火し、この富士の宝永噴火で江戸が真っ暗になった。これが日本においては「100点満点の地震」である。

・一方で、昭和19年の昭和東南海地震、21年の昭和南海地震は、これらに比べると小さく、したがって東海地震の震源域が割れ残ったとされている。南海トラフの地震には一つの特徴があり、南海地震の規模が大きいと東海地震が一緒に起こる一方、南海地震の規模が小さいと東海地震は起きない、という連動性がある。その意味では、東海地震はこのまま起きず、次の南海、東南海地震が起こる時に、一緒に起こる。そして、昭和東南海、南海地震が比較的小規模で済んでいるため、地震エネルギーの放出が中途半端で、その後新たに蓄積されたエネルギーは、時期的にはそう遠くない時期に大放出される。それは21世紀前半、2020年から40年の間ではないか、そしてその際には、関東地震が引き続いて起こる可能性も十分ある。場合によっては富士山も噴くことに……。

自然災害に関しては、日本という高度に発達した文明社会を襲う可能性を前提に、政府も中央防災会議という総理大臣をトップにした場で、巨額の研究費を投入し、全国ベースの叡智を集め、被害想定を行い、対策を練り、年度計画まで立てて対応策を講じようとしてきている。それでも、寒川教授が指摘するような事態が起こった場合には、率直に言って、有効に打つ手はないとされている。そこで、国民それぞれの立場で、最低でも２、３日は、自力で生き延びていただき、その後に、公の救援を待つ、ということが想定されている状態である。我々の生きている時代か、その子供の時代か、に必ず遭遇する大きな危機に、今から心して備えていく必要があるということで準備をしてきている。

この数百年間、数千年間に何度も同様のことは繰り返されてきたはずだが、都市化が進み、地域社会の絆が薄れつつある中で、いざ大災害が起こった場合の被害は過去にない規模に上ることが予想されている。阪神・淡路大震災でさえも、災害の履歴から見ると、我が国においては10年に1度の確率で起こる比較的ありきたりの地震であることが一般の地震学者の常識である。たまたま、20世紀の後半においては、こうした大都市近郊での地震の発生が極めて希であっただけ、ということである。そのような中で、巨大自然災害に対する今後の対応を官民挙げて真剣に議論していく時代になっている。

一方で、2001年9月11日の米国同時多発テロが起きて以降は、従来の地方公共団体や消防の任務の性格に、新たな局面を帯びた感がある。大規模テロ対応という仕事である。テロ対応に関しては、基本的には警察当局などの仕事であり、地方公共団体や消防の仕事ではないのではないか、という考え方がそれまでは一般的であった。実際に、同時多発テロ発生後、消防庁から全国の地方公共団体に、テロ対策本部などの設置を促す要請を行ったところ、当初は、テロ災害に関する災害対策基本法の適用の可否について疑義を挟む団体があったり、テロ災害は地方公共団体の仕事ではないとの考えを表明する関係者もないわけではなかった。入り口論でもめたのである。しかし、現在では、そのような立場をとる団体はない。地域住民が現実に被災する状況を目の当たりにして、地域住民の安全を確保すべき地方公共団体が、「これはテロ災害だから自分の仕事ではない」と言って責任放棄できるわけはないのである。その認識が徹底したと思われる。

この点に関して、米国では、「合衆国対テロ方針」(1995年大統領令第39号)の中で、テロに対する対応を、「危機管理(Crisis Management)」と「被害管理(Consequence Management)」に分け、対テロの「危機管理」としては、事案の犯罪的側面に焦点を当て、事案の防止、解決を主眼とする警察活動を想定しているのに対して、対テロの「被害管理」としては、実際に起こった事態への対応であり、被害、損失、苦痛、苦しみを軽減することに主眼が置かれ、住民の健康と安全を確保する支援活動であることから、地方公共団体が主体となり、連邦政府においてはFEMA（現在は国土安全保障省の一部）が主導的役割を担うものとされている（以上に関しては、「米国対テロ現場対応心得」ぎょうせい2002年発行参照）。

こうした考え方に照らしてみると、原因がテロであれ何であれ、起きた被害事象を軽減する仕事が、地方公共団体や消防の責務であると考えることが、国際的には常識であることが理解できるものと考えられる。そのことは、逆に、地域社会で災害対応の仕事を行う地方公共団体・消防機関の責務の大きさを表している。

さて、大規模テロよりも更に継続的に大きな被害が想定されるのが、外国からの武力攻撃を中心とする「有事」への対応である。現在、有事法制の基本的枠組みが定まり、その大きな柱としての国民保護法案が国会に提出され、議論されている。国民保護法制の中で位置づけられる政府の役割はもとより大きなものがある。いわゆる「外交努力」の失敗の延長線上としての武力攻撃であるとするならば、その対応責任は国の責務であると考えるのが当然であるからである。その一方で、地方公共団体の責務も大きい。地域社会において「住民の生命、身体、財産を保護する使命」を有する立場から、「必要な措置を実施する責務」があることに異論を挟む人はいないはずである。

平成15年６月に成立した武力攻撃事態対処基本法の中では、今後、更に整備する法制について述べているが、その大きな柱の一つとして、警報の発令、避難の指示、被害者の救助、消防、施設・設備の応急復旧、保健衛生の確保、社会秩序の維持、輸送・通信、国民生活の安定、被害の復旧などの武力攻撃から国民の生命、身体及び財産を保護するための措置、あるいは武力攻撃が国民生活、国民経済に及ぼす影響を最小限にする措置を盛り込んだ法制を整えるとしており、これが、いわゆる国民保護法制と呼ばれるものである。

諸外国では、一般的に「民間防衛」と呼ばれるこの仕組みは、1977年のジュネーヴ諸条約第一追加議定書第61条でその定義が置かれている。「敵対行為又は災害の危険から一般住民を保護し、一般住民が敵対行為又は災害の直接的影響から回復するのを援助し、また生存のために必要な条件を提供すること」を意図した警報、立退き、避難所の管理、灯火管制措置の管理、救助、消防、危険地帯の探知及び表示などの「人道的職務の一部又は全部を遂行すること」が民間防衛の定義であり、その上で、民間防衛団体及びその要員は、「尊重し、保護しなければならない」、「その目的に使用される建物、器材、避難所は攻撃してはならない」とされている。

しかし、このジュネーヴ条約の追加議定書を我が国は未締結であり、ある意味で、我が国に対して武力攻撃があったとして、我が国の国民保護のための各種団体や避難所なども、条約上は、攻撃されてもやむなしという宣言を、間接的に日本国として行っていることと同義の状態に置かれているのが、現在の日本の位置づけになっている。国際条約上は日本国民は、実のところ、「無防備な立場」に置かれ続けてきたのである。

同様の話は、異なる局面で耳にすることもある。公共事業のあり方に関して、ある省庁の依頼調査で、経済学者の一団が北海道にある自衛隊の施設に出向いた際に、そこの将官が、「この陣地は海からの敵の攻撃に十分に耐えられるのです」と誇らしげに説明したのに対し、団長格の学者が、「ところで、敵とこの陣地の間にいる住民の安全は誰が守っていくことになっているのか」と質したところ、その将官は一瞬沈黙し、たじろぎ、「それは自衛隊の仕事ではありません、（当時の）自治省とか地方自治体が考える話です」と述べたという話が伝わっている。

日本の場合は、「防衛」という仕事はあるが、「何のための防衛か」ということが必ずしも十分に国民的なレベルで議論されていないような気がする。武力攻撃から国を守るための仕組みの本来の目的、理念は、そこに居住する国民を守ることであるはずである。そのためには、軍事的観点からの法制や仕組みと並行して、国民保護を目的とする法制を適切に整備していくことが何としても必要であったのである。

こうした議論がこれまで国家的議論の場で放置されてきたことは、今から思うと、「見ざる、言わざる、聞かざる」という状態であったように思えて仕方がない。とにかく我が国では、ジュネーヴ条約の追加議定書の正式な日本語訳もなければ（平成16年３月になってはじめて外務省により正式な日本語訳がつくられている。）、コンメンタールも作られてきていないのである。こうした分野を専門的に研究する法学部の学者も非常に限られているのである。安全保障や民間防衛といった分野の議論が、国会だけでなく、アカデミズムの中でもまともに検討されてきてはいなかったのである。この問題をこれから煮詰めていかなければならないのである。

これまでは、「民間防衛」というと、戦時中、日本軍が国民を保護するどころか投降を禁じ、軍隊と共に自決などを強いたこと、日本軍が国民を竹槍で武装し戦争行為の手段として使おうとしたこと、敗戦時に満州に開拓民を放置し、軍部の指導層がいち早く内地に戻ったという事実があったこと、などの忌まわしい記憶があるために、まるで国民を戦争に追い立てるものであるかのようなイメージが先行し、思考停止に似た拒否反応が生じ、冷静な議論が行われにくい雰囲気が確かにあったと言わざるをえない。

しかし、この見方が全くの間違いであることは、冷静に考えれば分かることである。ジュネーヴ条約にいう「民間防衛」は、武力攻撃から如何に国民を守るかという観点に立つ制度の束であり、武力攻撃への反撃の制度とは次元の異なる制度なのである。また、第二次世界大戦直後にトルーマン大統領の指示で行われた米国戦略爆撃調査団のこの米国政府による調査（戦時中の日本の民間防衛体制に関する調査）結果を見ても、そのことが明確に判明する。この米国政府による調査は次のように結論づける。

・爆撃により約90万人が死亡、約130万人が負傷、約850万人以上が都市から疎開した。
・850万人は日本の都市人口の約４分の１に当たり、国民の士気はこの疎開によって最低となった。
・日本の防空対策はすべて手遅れであった。1942年のドゥリットル空襲によっても、施策は促進されなかった（ドゥリットル空襲とは、B25編隊の飛来事案（Doolittle中佐指揮。日本側有効な反撃できず。空襲警報は第一弾投下14～15分後））。
・日本人の生命に対する低い価値観と、陸・海軍の国民保護への不熱心な協力によって、整然とした国家防空組織活動は見られなかった。
・日本の当局は空襲についての見積もりを誤り、指導力の欠如と不十分な訓練によって被害が増大した。

結局、当時の日本政府は、不十分な民間防衛制度の中で、戦争に臨んだのである、と指摘されているのである。この米国戦略爆撃調査団の報告の中の日本人への次のインタビュー記事が印象的である。

「私たちの避難所は粗末なもので、役に立たなかった。私たちは無防御であった。それは日本中同じだった。それは私たちの指導者のせいだ。彼等は私たちをこの戦争に引き込んでから後は、私たちを防御するために何もしなかった」

そして戦前と同様、或いはそれよりも更に無防備な事態が、戦後60年近くも放置されてきたのである。

しかし、冷戦構造が崩壊し、世界に平和が訪れるという期待とは裏腹に、むしろ世界情勢が流動化し、民族紛争、局地紛争が起きやすい世界情勢の中で、万が一の際の国民の被害管理のあり方を考えないでは済まされない時代となっている。もはや「不作為による国民保護放置」という事態は許されない時代に入ったとも言える。我々は、過去の失敗に学ばなければならない。

人によっては、このような対策を講じることが、かえって国家を戦争の危機に追いやるものだという見方があるかもしれない。しかし、その見方は全くの誤りである。国民をしっかり守る仕組みがあるところは、敢えて攻撃を試みようとする敵対者の意思をくじくのである。

有事法制の議論の中で、どのような国民保護法制を日本に受け入れ、実際にどのような運用を行っていくべきなのか、これから英知を結集して、検討していかなくてはならない。先にも述べたように、我が国にはこの分野の蓄積がないのである。アカデミズムの世界に多くを期待することはできない。我々自身、地方公共団体、消防防災関係者をはじめとして、皆で共同して実効性のある仕組みを整え、準備していかなくてはならない。政府自体にこれまでの蓄積がないのであり、現実に地域社会で対応を迫られる地方公共団体の責任者が、当事者意識を持って主体的に参加していくことが不可欠だと考えられる。

本書は、それを考えるヒントとなることを目指して編まれた。そして、もとより本書は、今後の国民保護に係る仕組みのあり方を関係者が広く議論する中で、内容の厚みが加えられていくことを当然のように想定している。

なお、最後になったが、本書を編むに当たっては、務台に加え消防庁防災課勤務の稲原浩、重徳和彦、佐藤建五、廣木和雄、宮脇浩史、森中高史の各氏が、多忙の公務にもかかわらず時間外で或いは休日を返上し、分担執筆していただいたものであること、また同じく防災課勤務の津田正法氏、防災課勤務経験者の小野寺晃彦氏には資料の作成等でお世話になったことを申し添える。もとより全体の調整は務台が行ったものだが、ここに防災課職員の御労苦に深甚なる感謝の意を表する。

平成16年３月

国民保護法制運用研究会
代表　務台俊介（消防庁防災課長）

目　次

はじめに

第１章　国民保護法制に至る経緯と条約上の位置づけ ……………………13

第１節　日本における有事法制議論の沿革と国民保護法制 ………14

第２節　ジュネーヴ条約上の国民保護の位置づけ ……………………34

第２章　我が国の危機管理体制と国民保護法制の位置づけ …………41

第１節　我が国の危機管理体制 ………………………………………42

第２節　地方公共団体の危機管理体制 ………………………………50

第３節　国民保護法制の位置づけ ……………………………………55

第３章　国民保護法制における国・地方公共団体の役割 ……………67

第１節　災害対策基本法のスキームと国民保護法制のスキームの基本的相違 ……………………………………………………………68

第２節　国民保護法制における国、地方公共団体の事務 …………79

第４章　国民保護法制の実施推進体制 ………………………………129

第１節　国民保護法制の整備に係る政府の体制 …………………130

第２節　平成16年度に想定される国民保護の事務・関連事業 ……133

第３節　地方公共団体が検討する国民保護関連体制と業務 ………140

第５章　諸外国における国民保護 ……………………………………147

第１節　アメリカ …………………………………………………………149

第２節　韓　国 ……………………………………………………………157

第３節　スイス ……………………………………………………………164

第４節　スウェーデン ……………………………………………………167

第５節　北大西洋条約機構（NATO） ………………………………171

第６章　戦時中の民間防衛を振り返って ……………………………177

第１節　ドゥリットル空襲 ………………………………………………179

第２節　広島の民間防衛 ……………………………………………181
第３節　東京の防空体制 ……………………………………………191
第７章　参考資料 ………………………………………………………199
第１「緊急事態における住民保護のあり方」（平成14年３月消防庁での講演より） ………………………………………………………201
第２「戦慄する脅威の実像に私たちはどう備えるか」（『消防防災』2003年秋季号より） ……………………………………………209
第３「米国連邦政府危機管理組織再編後の運用実態と課題」（『消防防災』2003年秋季号より） ………………………………………222

参考文献 ……………………………………………………………………251
事項索引 ……………………………………………………………………255

第１章
国民保護法制に至る経緯と条約上の位置づけ

第１節　日本における有事法制議論の沿革と国民保護法制

1　日本における有事法制の議論

我が国における有事法制についての議論が「顕在化」した契機は、1965年（昭和40年）に防衛庁統合幕僚会議事務局が行った「昭和38年度統合防衛図上研究」（いわゆる「三矢研究」）をめぐる国会論議である。「本研究は単なる戦闘の図上演習ではなく、国家総動員態勢の確立や言論統制の導入をも視野に入れた有事研究であり、このような研究が自衛隊の最高指揮官である総理のあずかり知らぬところで、制服組主導で行われることはシビリアン・コントロールの観点から重大な問題ではないか」との議論を巻き起こしたのである。

その後、1978年（昭和53年）には、栗栖弘臣統合幕僚会議議長（当時）が、「自衛隊は、いざというとき、超法規的行動に出ることはありうる」旨、週刊誌上で発言したことで有事法制論議が再燃した。自衛隊の超法規的行動に言及したことは、シビリアン・コントロールの原則に照らし問題であるとされ、結局、金丸信防衛庁長官（当時）が栗栖議長を解任するに至った。

しかし、この事件は、自衛隊が現行法体系の下では国家の緊急事態に対処できないという事実を、衆目にさらすこととなり、有事における現行法体系の問題点に関する研究を進める一つの契機となった。

こういった情勢の下、1977年（昭和52年）防衛庁は、福田内閣総理大臣（当時）の了解の下、三原防衛庁長官（当時）の指示によって有事法制研究を開始し、1978年（昭和53年）９月には、それ以後の有事法制研究の方針を明らかにした「防衛庁における有事法制の研究について」

（参考１、p.24）が公表され、これ以後「有事法制」という用語も公に使われ始めた。

1 「防衛庁における有事法制の研究について」（昭和53年９月21日公表）の要点

⑴ 防衛庁の有事法制の研究は、シビリアン・コントロールの原則に従って、昨年８月、内閣総理大臣の了承の下に、三原前防衛庁長官の指示によって開始されたもの。

⑵ 研究の対象は、防衛出動の際の自衛隊の任務遂行が有効かつ円滑に行われる上での法制上の諸問題。近い将来に国会提出を予定した立法準備ではない。

⑶ 現行憲法の範囲内のもの。

⑷ この種の研究は、今日のような平穏な時期においてこそ、冷静かつ慎重に進められるべきもの。

2 その後の有事法制に関する研究

1978年（昭和53年）９月に公表された「防衛庁における有事法制の研究について」以降、1981年（昭和56年）４月には、いわゆる第１分類の法令に関する研究が、また、1984年（昭和59年）10月には、第２分類の法令に関する研究が防衛庁より公表された。

前者の報告（参考２、p.24）では、防衛庁所管の法令（第１分類）については検討が進んでいるが、他省庁所管の法令（第２分類）は調整事項も多く検討が進んでいる状況にはなく、所管省庁が明確でない事項に関する法令（第３分類）は、まだ研究に着手していないとされた。第１分類では、自衛隊法第103条の政令、自衛官の出動手当、現行想定の補備の問題などが検討された。

また、後者の報告（参考３、p.28）では、第２分類に重点を置いて検討が進められた。自衛隊の行動の円滑を確保する上で支障がないかを、防衛庁の立場から検討し、関係省庁と協議、調整を行った。その中で、他省庁所管の法令について現行自衛隊法で特例や適用除外の規定があるが、なお、特例措置が必要なもの、特定行政庁の承認、協議に関し、迅速な措置が必要なものもあるとされた。また、部隊の移動、土地の使用、構築物建造、電気通信、火薬類の取扱い、衛生医療、戦死者の扱い、会計経理など検討事項、問題点を列挙した。さらに、今後、有事における住民の保護・避難・誘導、民間船舶・航空機の安全航行、電波の効果的使用など国民の生命財産の保護に直接関係し、自衛隊の行動にも関連するため、総合的な検討が必要とされる事項、捕虜の取扱いの国内法制化など所管省庁が明確でない事項についてのより広い立場での研究が必要とされた。

1 「有事法制の研究について」（昭和56年４月22日公表）の要点

(1) 自衛隊の任務遂行に必要な法制の骨幹は整備されているが、不備があるとすればどのような事項かについての研究の状況、問題点の概要を中間とりまとめ。

(2) 防衛庁所管の法令（第１分類）については、有事の際の関係規定が設けられているがこれで十分かどうか検討。他省庁所管の法令（第２分類）は、一部は自衛隊についての適用除外等が規定されているが、これで十分かどうか検討。所管省庁が明確でない事項に関する法令（第３分類）は、有事に際しての住民の保護や国際条約の国内法制のような問題があるが、まだ研究に着手していない。

(3) 自衛隊法第103条の政令、自衛官の出動手当が未整備。また、第103条の補備の問題（相手の居所不明、罰則規定、陣地構築）。

(4) 部隊の移動、待機命令中の武器使用など新たな規定の追加の問題。

２「有事法制の研究について」（昭和59年10月16日公表）の要点

⑴　第１分類に引き続いて、第２分類に重点を置いて検討を進めた。自衛隊の行動の円滑を確保する上で支障がないか、防衛庁の立場から検討し、関係省庁と協議、調整を行った。

⑵　他省庁所管の法令について現行自衛隊法で特例や適用除外の規定があるが、なお、特例措置が必要なもの、特定行政庁の承認、協議に関し、迅速な措置が必要なものもある。

⑶　部隊の移動、土地の使用、構築物建造、電気通信、火薬類の取扱い、衛生医療、戦死者の扱い、会計経理など検討事項、問題点を列挙。

⑷　今後、有事における住民の保護・誘導・避難、民間船舶・航空機の安全航行、電波の効果的使用など国民の生命財産の保護に直接関係し、自衛隊の行動にも関連するため、総合的な検討が必要とされる事項、捕虜の取扱いの国内法制化など所管省庁が明確でない事項についてのより広い立場での研究が必要。

3　我が国の安全保障政策をめぐる最近の主な動き

上述のように、一定の進展を見た有事法制研究であったが、「近い将来の立法化はしないとの前提」で着手したものであったことに加え、当時の政治状況もあり、研究内容を法律に具体化する作業はなかなか進まなかった。しかし、1989年（平成元年）11月のベルリンの壁の崩壊、同年12月のマルタにおける米ソ首脳会談での冷戦終結宣言を経て、1991年（平成３年）12月には冷戦の一方の主役であったソ連邦が崩壊し、第二次世界大戦後半世紀近くにわたって国際情勢を規定していた東西冷戦構造は姿を消した。これに呼応する形で、日本国内においても、いわゆる55年体制が崩壊し、安全保障に関する諸問題が政治の場で正面から議論されるようになってきた。

湾岸戦争後、我が国の船舶の安全を確保するため、1991年（平成３年）、自衛隊法第99条に基づき、海上自衛隊の掃海部隊がペルシャ湾に派遣されたが、この派遣は、平和的、人道的な目的をもった人的な国際貢献策の一つとしても位置づけられた。

冷戦後の国際環境において、国連の各種活動の中でも、特に国連平和維持活動がその重要性を高めたことから、我が国では、国連平和維持活動に対する協力など、より一層国際平和協力を行うことが国民的課題となり、同年、第121回臨時国会にいわゆる「国際平和協力法案」が提出され、1992年（平成４年）６月に成立した。

1992年（平成４年）９月から実施された、国連カンボジア暫定統治機構（UNTAC：United Nations Transitional Authority in Cambodia）による国連平和維持活動には我が国も参加し自衛隊が施設部隊と停戦監視要員を派遣したほか、文民警察要員と選挙要員も派遣された。この後、1993年（平成５年）には、モザンビークでの国連平和維持活動への参加、1994年（平成６年）には、ルワンダ内戦で大量に発生した難民を救援するために、ルワンダ難民救援隊が派遣された。1996年（平成８年）には、ゴラン高原に自衛隊の輸送隊などが派遣されている。また、東ティモールへは、1999年（平成11年）、物資輸送のための東ティモール避難民救援空輸隊が派遣された。

2001年（平成13年）には、国連難民高等弁務官事務所の要請により、アフガニスタン難民に対する人道的な国際救援活動のための、空輸隊が派遣された。

日米関係に目を転ずると、1996年（平成８年）４月に東京で開催された日米首脳会談において、21世紀に向けた両国の協力関係の方向性を示した「日米安全保障共同宣言」が発表された。この共同宣言では、アジア太平洋地域に依然として不安定性及び不確実性が存在するとの認識の下、「日米防衛協力のための指針」の見直しや日本の周辺地域で発生しうる事態で日本の平和と安全に重要な影響を与える場合における協力、日米物品役務相互提供協定による協力関係の促進などが、今後の協力分野として確認された。

この「日米安全保障共同宣言」を踏まえ、日米両国は、日米安保体制の信頼性の更なる向上を図るため、約20年ぶりに「日米防衛協力のための指針」を見直すことを決定した。見直し後の指針（いわゆる新ガイドライン）では、情報交換・政策協議、安全保障面での種々の協力、日米同盟の取組み（共同訓練等）、武力攻撃に際しての対処行動、周辺事態に際しての協力が盛り込まれた。この新ガイドラインの実効性を確保するため、1999年（平成11年）から2000年（平成12年）の間に、次の法律等が成立・承認された。

・周辺事態安全確保法

・日米物品役務相互提供協定を改正する協定

・自衛隊法の一部を改正する法律（自衛隊法第100条の８）

・船舶検査活動法

さらに2001年（平成13年）９月の米国同時多発テロを踏まえ、国際的なテロリズムの防止と根絶の取組みに積極的に協力するための法律であるテロ対策特別措置法が同年10月に成立し、諸外国の軍隊への物品・役務の提供、便宜の供与、捜索救助活動、被災民救援活動を自衛隊が行うこととされ、同年12月以降、インド洋上の米艦艇等への給油活動などが展開されている。

また、2003年（平成15年）３月の米英軍などによる対イラク武力行使が行われた結果、フセイン政権は事実上崩壊したものの、一部地域では抵抗活動が行われている状況にある。こうした中、イラク国民による国家再建を目指した自主的な努力を支援するため、国連安保理決議により、国連加盟国にイラク支援のための取組みが要請された。我が国においても、こうした国際社会の動きに対して積極的に貢献することが求められ、このための法案である「イラク人道復興支援特別措置法」が2003年（平成15年）７月26日に参議院で可決成立し、陸海空の自衛隊が、イラク南部での復興支援に従事している。

4　武力攻撃事態対処法の成立と国民保護法制

こうした我が国をめぐる安全保障政策の展開と時期を合わせるかのように、1996年（平成８年）の北朝鮮座礁潜水艦乗員の韓国侵入事案、1998年（平成10年）の弾道ミサイルの発射（テポドン１）、1999年（平成11年）の能登半島沖での武装不審船事案、2001年（平成13年）の九州南西海域における武装不審船事案が相次いで発生した。こうした一連の事案は、我が国も国際的な安全保障に関わる危機に直面することが現実のものであることを知らしめ、こうした万が一の事態への対応が適切にできるのかどうかが大きな課題となってきた。

このようなことを背景に、政治の場においても有事立法に関する動きが具体化した。1999年（平成11年）10月４日の自自公三党合意では、これまで政府の進めてきた有事法制研究を踏まえ、①第１分類、第２分類のうち早急に整備するものとして合意が得られる事項について立法化を図ること、②上記①で当面、立法化の対象とならない事項及び第３分類についても、今後、所要の法整備を行うことを前提に検討を進めることとされた。また、2000年（平成12年）３月14日の三党安全保障に関するプロジェクトチームの合意において、我が国の緊急事態への対応について、政府の進めてきた有事法制研究の法制化を前提としないという縛りを外し、第１分類、第２分類を中心に新しい事態を含めた緊急事態法制として法制化を目指した検討を開始するよう、政府に要請した。

これを受け、2002年（平成14年）２月４日の第154回国会における小泉内閣総理大臣の施政方針演説において、「国民の安全を確保し、有事に強い国づくりを進めるため、与党とも緊密に連携しつつ、有事への対応に関する法制について、取りまとめを急ぎ、関連法案を今国会に提出する」とし、同国会には有事の際の政府の対応の基本的な考え方や体制構築、今後整備すべき国民保護法制についてのプログラム規定等を収めた「武力攻撃事態等における我が国の平和と独立並びに国及び国民の安全の確保に関する法律（以下、「武力攻撃事態対処法」という。）案」が国会に提案された。国会における審査は、武力攻撃事態の定義や国民保護法制の内容等に関して激しい議論が展開され、政府側も主要論点について政府見解を提出し説明に努めたところであるが、法案は継続審査とされた。

一方で、政府は国民保護法制の制度化、運用に深い関わりを持つこととなる地方公共団体への十分な説明を行う必要があるとの認識の下に、全国都道府県知事会議において、今後整備すべき国民保護法制の基本的な考え方や法制の基本的な構成について説明（2002年（平成14年）10月８日）を行いつつ、衆議院事態対処特別委員会の理事懇談会に、「国民の保護のための法制について（輪郭）」を提出した（2002年（平成14年）11月11日）。また2003年（平成15年）１月17日には、国民の保護のための法制に関する関係閣僚会議を開催し、この「輪郭」に関して地方公共団体や関係する民間機関の意見を広く求めていくことを決定し、以後、関係者に対する説明が精力的に行われてきている。

その後、国会における武力攻撃事態対処法の審議が再開され、再度、衆議院事態対処特別委員会において、地方公共団体等の意見を踏まえとりまとめた「国民の保護のための法制について」が提出された。与野党間では法案の修正協議が繰り返されたが、ついに、与党三党のほか自由党、民主党の賛同を得て武力攻撃事態対処法は成立し、2003年（平成15年）６月13日施行された。そして、衆・参両院の事態対処特別委員会において、国民保護法制の整備は、武力攻撃事態対処法施行の日から１年を目標として実施することが附帯決議されている（この後の動きについては第２章第３節（p.55）を参照)。

これらの経緯を経て2004年３月国民保護法案は国会に提出された。

（なお、この間の歴史の鳥瞰は表１を参照のこと）

表１　関連年表

年	月	主要事象	有事法制関連
昭和25	8	警察予備隊発足	
27	4	対日講和・日米安全保障条約発効	
29	7	防衛庁設置、陸・海・空自衛隊発足	
32	5	「国防の基本方針」閣議決定	
	6	「防衛力整備目標」（１次防）閣議了解	
35	6	日米安全保障新条約発効	
38			昭和38年度統合防衛図上研究（三矢研究）
40	2		三矢研究に関する国会質疑
47	5	沖縄返還	
51	10	「防衛計画の大綱」閣議決定	
52	8		防衛庁において有事法制の研究開始
53	7		来栖発言（来栖統幕議長が、緊急時の超法規的行動の可能性を示唆、辞任）
	9		防衛庁、有事法制研究のあり方、目的等を公表
	11	日米防衛協力のための指針閣議報告了承	
56	4		防衛庁、「有事法制の研究について（昭和56年４月22日公表）」で研究対象となる法令の区分等を公表
59	10		防衛庁、「有事法制の研究について（昭和59年10月16日公表）」で今後の研究の進め方等を公表
61	7	「安全保障会議設置法」施行	
62	12	米ソ、INF条約に署名	
平成 元	11	ベルリンの壁崩壊	
	12	マルタで米ソ首脳会談、冷戦終結を宣言	
2	8	イラク軍、クウェート侵攻	
3	1	多国籍軍、イラク等空爆開始	

年	月	主要事象	有事法制関連
	7	米ソ、STARTⅠに署名	
	12	独立国家共同体発足、ソ連邦崩壊	
平成4	8	「国際平和協力法」（PKO協力法）施行	
	9	国連カンボジア暫定統治機構（UNTAC）へ自衛隊の部隊等を派遣	
7	1	阪神・淡路大震災	
	3	地下鉄サリン事件	
	9	沖縄駐留米兵による女児暴行事件	
	11	「平成8年度以降に係る防衛計画の大綱について」閣議決定	
8	4	日米物品役務相互提供協定（ACSA）署名（4.15） 「日米安保共同宣言」（4.17）	
9	9	新日米防衛協力のための指針を日米安全保障協議委員会了承	
10	8	北朝鮮、日本上空を越えるミサイル発射	
11	3	能登半島沖不審船事案、海上警備行動を発令（自衛隊発足以来初）	
	8	「周辺事態安全確保法」施行	
	10		有事法制に係る自自公三党合意
13	9	米国同時多発テロ	
	10	米英、アフガニスタン攻撃開始	
	11	「テロ対策特措法」施行、海自艦艇をインド洋へ派遣	
	12	九州西南海沖不審船事案	
14	4		武力攻撃事態対処関連三法案閣議決定
	7		通常国会閉幕、関連三法案継続審議
15	1	北朝鮮、核拡散防止条約（NPT）からの脱退を宣言	
	3	米英、対イラク軍事行動開始	
	5	米、イラクにおける主要な軍事作戦の終結を宣言	
	6		武力攻撃事態対処関連三法、参議院本会議で可決成立、施行
	8	「イラク特措法」施行	
16	1	陸上自衛隊先遣隊、イラクへ派遣	
	3		国民保護法案の国会提出

参考１：「防衛庁における有事法制の研究について」（昭和53年９月21日公表）

⑴　現在、防衛庁が行っている有事法制の研究は、シビリアン・コントロールの原則に従って、昨年８月、内閣総理大臣の了承の下に、三原前防衛庁長官の指示によって開始されたものである。

⑵　研究の対象は、自衛隊法第76条の規定により防衛出動を命ぜられるという事態において自衛隊がその任務を有効かつ円滑に遂行する上での法制上の諸問題である。

現行の自衛隊法によって自衛隊の任務遂行に必要な法制の骨幹は整備されているが、なお残された法制上の不備はないか、不備があるとすればどのような事項か等の問題点の整理が今回の研究の目的であり、近い将来に国会提出を予定した立法の準備ではない。

また、最近問題となった防衛出動命令下令前に急迫不正の侵害を受けた場合の部隊の対応措置に関するいわゆる奇襲対処の問題は、本研究とは別個に検討している。

⑶　自衛隊の行動は、もとより国家と国民の安全と生存を守るためのものであり、有事の場合においても可能な限り個々の国民の権利が尊重されるべきことは当然である。今回の研究は、むろん現行憲法の範囲内で行うものであるから、旧憲法下の戒厳令や徴兵制のような制度を考えることはありえないし、また、言論統制などの措置も検討の対象としない。

⑷　この研究は、別途着手されているいわゆる防衛研究の作業結果を前提としなければならない面もあり、また、防衛庁以外の省庁等の所管に関わる検討事項も多いので、相当長期に及ぶ広範かつ詳細な検討を必要とするものである。

幸い、現在の我が国をめぐる国際情勢は、早急に有事の際の法制上の具体的措置を必要とするような緊迫した状況にはなく、また、いわゆる有事の事態を招来しないための平和外交の推進や民生の安定などの努力が重要であることは言うまでもないが、有事の際における自衛隊の行動のための法制に係る研究も当然必要なことであり、むしろこの種の研究は、今日のような平穏な時期においてこそ、冷静かつ慎重に進められるべきものであると考える。

⑸　今回の研究の成果は、ある程度まとまり次第、適時適切に国民の前に明らかにし、そのコンセンサスを得たいと考えている。

参考２：「有事法制の研究について」（昭和56年４月22日）

有事法制の研究については、その基本的な考え方を昭和53年９月21日の見解で示したところであり、現在、これに基づいて作業を進めている。

この見解でも述べているように、有事に際しての自衛隊の任務遂行に必要な法制は、現行の自衛隊法によってその骨幹は整備されている。しかし、なお残された法制上の不備はないか、不備があるとすれば、どのような事項か等の問題点の整理を目的としてこれまで研究を行ってきたところである。

研究はまだその途中にあり、全体としてまとまる段階には至っていないが、現在までの研究の状況及び問題点の概要を中間的にまとめれば、次のとおりである。

1　研究の経過

(1)　研究の対象となる法令の区分

研究の対象となる法令を大別すると、次のように区分される。

・防衛庁所管の法令（第1分類）

・他省庁所管の法令（第2分類）

・所管省庁が明確でない事項に関する法令（第3分類）

第1分類に属するものとしては、防衛庁設置法、自衛隊法及び防衛庁職員給与法があり、これらには有事の際の関係規定が設けられているが、これで十分かどうかについて検討する必要がある。

第2分類に属するものとしては、部隊の移動、資材の輸送等に関連する法令、通信連絡に関連する法令、火薬類の取扱いに関連する法令など、自衛隊の有事の際の行動に関連ある法令多数が含まれる。これらの法令の一部については、自衛隊についての適用除外ないし特例措置が規定されているが、有事の際の自衛隊の行動の円滑を確保する上で、これで十分かどうかについて検討する必要がある。

第3分類に属するものとしては、有事に際しての住民の保護、避難又は誘導の措置を適切に行うための法制あるいは人道に関する国際条約（いわゆるジュネーヴ4条約）の国内法制のような問題がある。これらの問題は、法制的に何らかの整備が必要であると考えられ、また、自衛隊の行動と関連はするが、防衛庁の所掌事務の範囲を超える事項も含まれているところから、より広い立場からの研究が必要である。

(2)　各区分の検討状況

このように大別した三区分については、第1分類を優先的に検討することとし、第2分類については第1分類に引き続いて検討することとし、第3分類についてはこの問題をどのような場で扱うことが適当であるかが決められた後に研究することとして、作業を進めてきた。

したがって、現段階においては、第1分類についてはかなり検討が進んでいるが、第2分類については他省庁との調整事項等も多く、検討が進んでいる状況にはなく、第3分類については未だ研究に着手していない。

2　第1分類についての問題点の概要

(1)　現行法令に基づく法令の未制定の問題

ア　自衛隊法第103条は、有事の際の物資の収用、土地の使用等について規定しているが、物資の収用、土地の使用等について知事に要請する者、要請に基づき知事が管理する施設、必要な手続等は、政令で定めることとされており、この政令が未だ制定されていない。

したがって、同条の規定により必要な措置をとりうることとするためには、この政令を整備しておくことが必要であり、この政令に盛り込むべき内容について検討した。

この概略は、別紙のとおりである。

イ　防衛庁職員給与法第30条は、出動を命ぜられた職員に対する出動手当の支給、災害補償その他給与に関し必要な特別の措置について別に法律で定めると規定しているが、この法律は、未だ制定されていない。

この法律に盛り込むべき内容としては、支給すべき手当の種類、支給の基準、支給対象者、災害補償の種類等が考えられ、これらの項目について検討を進めているところである。

(2)　現行規定の補備の問題

ア　自衛隊法第103条の規定による措置をとるに際して、処分の相手方の居所が不明の場合等、公用令書の交付ができない場合についての規定がない。このため、物資の収用、土地の使用等を行いえない事態が生ずることがあり、そのような場合に措置をとりうるようにすることが必要であると考えられる。

イ　自衛隊法第103条の規定により土地の使用を行う場合、その土地にある工作物の撤去についての規定がない。このため、土地の使用に際してその使用の有効性が失われることがあり、工作物を撤去しうるようにすることが必要であると考えられる。

ウ　自衛隊法第103条の規定により物資の保管命令を発する場合に、この命令に従わない者に対する罰則規定がないが、災害救助法等の同種の規定には罰則があるので権衡上必要ではないかとの見方もあり、必要性、有効性等につき引き続いて検討していくこととしている。

エ　なお、有事法制の研究と直接関連するものではないが、自衛隊法第95条に規定する防護対象には、レーダー、通信器材等が含まれていないので、これらを防護対象に加えることが必要であると考えられる。

(3)　現行規定の適用時期の問題

ア　自衛隊法第103条の規定による土地の使用に関しては、陣地の構築等の措置をとるには相当の期間を要するので、そのような土地の使用については、防衛出動命令下令後から措置するのでは間に合わないことがあるため、例えば、防衛出動待機命令下令時から、これを行いうるようにすることが必要であると考えられる。

イ　自衛隊法第22条の規定による特別の部隊の編成等に関しては、編成等に相当の期間を要し、防衛出動命令下令後から行うのでは間に合わないことがあるので、例えば、防衛出動待機命令下令時から、これを行いうるようにすることが必要であると考えられる。

ウ　自衛隊法第70条の規定による予備自衛官の招集に関しては、招集に相当の期間を要し、防衛出動命令下令後から行うのでは間に合わないことがあるので、例えば、防衛出動待機命令下令時から、これを行いうるようにすることが必要であると考えられる。

(4)　新たな規定の追加の問題

ア　自衛隊法には、自衛隊の部隊が緊急に移動する必要がある場合に、公共の用に供されていない土地等を通行するための規定がない。このため、部隊の迅速な移動ができず、自衛隊の行動に支障をきたすことがあるので、このような場合には、公共の用に供されていない土地等の通行を行いうることとする規定が必要であると考えられる。

イ　自衛隊法には、防衛出動待機命令下にある部隊が侵害を受けた場合に、部隊の要員を防護するために必要な措置をとるための規定がない。このため、部隊に大きな被害を生じ、自衛隊の行動に支障をきたすことがあるので、当該部隊の要員を防護するため武器を使用しうることとする規定が必要であると考えられる。

3　今後の研究の進め方及び問題点の取扱い

今後の有事法制の研究については、今回まとめた内容にさらに検討を加えるとともに、未だ検討が進んでいない分野について検討を進めていくことを予定しているところである。

なお、今回の報告で取り上げた問題点の今後の取扱いについては、有事法制の研究とは別に、防衛庁において検討するとともに、関係省庁等との調整を経て最終的な決定を行うこととなろう。

（別紙省略）

参考３：「有事法制の研究について」（昭和59年10月16日）

１　経緯及び第２分類の検討

(1)　経　緯

ア　有事法制の研究は、昭和52年８月、内閣総理大臣の了承の下に、防衛庁長官の指示によって開始されたものであり、自衛隊法第76条の規定により防衛出動を命ぜられるという事態において自衛隊がその任務を有効かつ円滑に遂行する上での法制上の諸問題を研究の対象とするものである。自衛隊は有事に際して我が国の平和と独立を守り国の安全を保つためのものである以上、日ごろからこれに備えて研究しておくことは当然であると考える。研究を進めるに当たっての基本的な考え方については、昭和53年９月21日の見解で示したところであり、現在これに基づいて作業を進めているところである。

イ　有事法制の研究の対象となる法令は、防衛庁所管の法令（第１分類）、他省庁所管の法令（第２分類）及び所管省庁が明確でない事項に関する法令（第３分類）に区分され、そのうち第１分類については、問題点の概要を取りまとめて、昭和56年４月、国会の関係委員会に報告したところである。

ウ　その後の有事法制の研究では、第１分類に引き続いて第２分類に重点を置いて検討を進めた。

(2)　第２分類の検討

他省庁所管の法令について、現行規定の下で有事に際しての自衛隊の行動の円滑を確保する上で支障がないかどうかを防衛庁の立場から検討し、検討項目を拾い出した上、当該項目に関係する条文の解釈、適用関係について関係省庁と協議、調整を行った。

現在までに検討した事項と問題点の概要を整理すれば、次のとおりである。

２　第２分類で検討した事項と問題点の概要

現行自衛隊法においては、他省庁所管の法令について、特例や適用除外の規定があり、自衛隊の任務遂行に必要な法制の骨幹は、整備されているが、今回検討した項目には、なお法令上特例措置が必要と考えられる事項もあり、また法令上必要とされる特定行政庁の承認、協議等手続に係る事項も相当数含まれている。

特定行政庁の承認、協議等の手続は、有事に際しての自衛隊の行動の円滑を確保するため関係省庁の協力を得て迅速に措置されることが必要である。

自衛隊と他省庁との連絡協力については、自衛隊法第86条の関係機関との連絡及び協力の規定並びに同法第101条の海上保安庁等との関係の規定によって、基本的枠組が整備されており、また、具体的な手続に際して、手続の迅速化を配慮するなど関係省庁の協力が当然得られるものと考えられるところである。

このような基本的枠組等を踏まえて、有事に際しての自衛隊の行動等の態様に区分して検討した事項と問題点の概要を整理すれば、次のとおりである。

(1)　部隊の移動、輸送について

ア　陸上移動等

有事に際しては、速やかに部隊を移動させ、その任務遂行上必要な物資を輸送する必要があるが、これについては「道路交通法」に基づく公安委員会等による交通規制の実施及び公安委員会の指定に係る緊急自動車の運用により、おおむね円滑に行えるものと考えられる。

しかしながら、道路、橋が損傷している場合に、部隊の移動、物資の輸送のためその道路等を応急補修し、通行しなければならないことが考えられるが、この場合「道路法」上、部隊自らがその補修を行うことができないことがある。したがって、部隊自らが応急補修を行うことも含めて、損傷した道路等を滞りなく通行できるよう「道路法」に関して特例措置が必要であると考えられる。

イ　海上移動等

有事に際して自衛隊の使用する船舶は、その任務の有効かつ円滑な遂行を図るため、速やかに移動、輸送を行う必要があるが、その航行等については民間船舶と同様に船舶交通の安全を図るための「港則法」、「海上交通安全法」及び「海上衝突予防法」が適用される。

この場合、一定の港における「港則法」による夜間入港の制限又は特定海域における「海上交通安全法」による航路航行義務等の航行規制を受けるが、これらについては、夜間入港の際の港長の迅速な許可又は緊急用務船舶の指定により、自衛隊の任務遂行上支障がないと考えられる。

なお、「海上衝突予防法」の適用について検討を加えたが特に問題とする事項はないと思われる。

ウ　航空移動等

有事に際して自衛隊機は、その任務の有効かつ円滑な遂行を図るため、速やかに移動、輸送を行う必要がある。

防衛出動時の自衛隊機の飛行については、その任務と行動の特性から自衛隊法第107条により「航空法」の規定の相当部分が適用除外されている。

しかし、自衛隊機は、その任務遂行のため、計器気象状態（悪天候）であっても計器飛行方式によらないで飛行する必要があり、このような飛行は、「航空法」によって、やむを得ない事由がある場合又は運輸大臣の許可を受けた場合でなければできないとされている。また、特別管制空域を計器飛行方式によらないで飛行する必要があり、これについても、同法によって運輸大臣の許可を得なければならないとされている。これらの飛行については、同法に基づく運輸大臣の迅速な許可等の措置がなされれば、自衛隊機の行動に支障がないものと考えられる。

⑵　土地の使用について

部隊は、侵攻が予想される地域に陣地を構築するために土地を使用する必要がある。

一方、国土の利用について海岸、河川、森林などの態様に応じて「海岸法」、「河川法」、「森林法」、「自然公園法」等の法令により、国土の保全に資する等の観点から、一定の区域について立入り、木竹の伐採、土地の形状の変更等に対する制限等が設けられ、土地を使用する場合には、原則として法令で定められている手続が必要である。

部隊があらかじめ陣地を構築するために土地を使用する場合においても、法令に定められた許可手続に従い又は許可手続の例により行うほかなく、侵攻の態様によってはそれらの手続をとるいとまがないことが考えられ、また、法令によっては「非常災害」に際しての応急的な措置について、手続をとらなくても一定の範囲内で土地を使用しうるとされているものもあるが、これにも当たらないとされている。さらに、構築される陣地の形態によっては、これらの法令上許可しうる範囲を超えることも考えられる。

したがって、有事に際しての自衛隊による土地の使用等については、「海岸法」等に関して特例措置が必要であると考えられる。

⑶　構築物建造について

有事に際して、航空基地等では、他の基地に所在する航空部隊の機動展開を受け入れ、あるいは、抗たん性を強化するために航空機用えん体、指揮所、倉庫等を建築することがある。

一方、「建築基準法」は、建築物を建築する際の工事計画の建築主事への通知等の手続、構造の基準等を定めている。

航空機用えん体、指揮所、倉庫等を建築する際にも、同法に定められている手続を行い、構造の基準を満たさなければならないため、速やかに建築を進めることができないことも考えられる。

したがって、有事に際して自衛隊の建築する建築物については、「建築基準法」に関して特例措置が必要であると考えられる。

(4)　電気通信について

有事に際しては、部隊等相互間において通信量が増大することが予想され、また、通信系の抗たん性を確保することが必要となる。

自衛隊法第104条では、防衛庁長官は、防衛出動を命ぜられた自衛隊の任務遂行上必要があると認める場合には、緊急を要する通信を確保するため、郵政大臣に対し、公衆電気通信設備を優先的に利用すること及び「有線電気通信法」第３条第３項第３号に掲げる者が設置している電気通信設備を使用することについて必要な措置をとることを求めることができ、郵政大臣はその要求に沿うように適当な措置をとるものとすることが規定されており、また「有線電気通信法」、「公衆電気通信法」及び「電波法」では、天災、事変等一般的に住民の生命、財産の安全又は公共の安全が脅かされるような非常事態の際の重要な通信の確保について規定されている。防衛出動下令事態における自衛隊の任務遂行上必要な通信の確保については、これらの諸規定に従って措置されるものであり、自衛隊の任務遂行に支障がないものと考えられる。

(5)　火薬類の取扱いについて

ア　自衛隊の保有する火薬類は、各地の自衛隊の施設内の弾薬庫に貯蔵されており、有事に際して部隊が展開する地域へ輸送する必要がある。火薬類の輸送手段としては、鉄道輸送、車両輸送、船舶輸送等が考えられ、火薬類の積載方法、積載重量、運搬方法等について、「火薬類取締法」等の法令によって規制されているが、自衛隊機及び自衛艦による輸送については、自衛隊法第107条及び第109条により、積載方法、積載重量等について適用除外されている。火薬類の輸送については、これらの法令に従いおおむね円滑に実施できるものと考えられる。

しかしながら、火薬類を車両に積載して輸送する場合に、状況によっては夜間に火薬類の積卸しを行う必要があるが、「火薬類の運搬に関する総理府令」によって火薬類の積卸しは夜間を避けて行うこととされている。また、隊員が一定量以上の火薬類を携帯して民間自動車渡船（フェリー）に乗船する場合や、火薬類を積載した車両を一般の隊員とともに自動車渡船に積載する場合もあるが、「危険物船舶運送及び貯蔵規則」によれば、一定量以下の火薬類を除き船舶に持ち込んではならず、また、火薬類を積載した車両の運転手、乗務員及び貨物の看守者以外の者が乗船している自動車渡船に火薬類を積載した車両を積載してはならないとされている。

したがって、これらについて自衛隊の任務遂行に支障が生じないよう措置することが必要であると考えられる。

イ　防衛行動において使用される火薬類を、使用又は輸送するために必要な範囲内で、一時的に野外に集積することが考えられるが、そのような集積は、「火薬類取締法」上の「消費」又は「運搬」に当たるものと解される。「消費」に当たる場合は、自衛隊法第106条により規制が適用除外とされており、また、「運搬」に当たる場合は、安全措置等を講じることが必要とはなるが、自衛隊の任務遂行に支障はないものと考えられる。

(6)　衛生医療について

有事に際しては負傷者が多数発生することが考えられるが、負傷者の容体からみて早急に処置を必要とする場合又は既設の病院、診療所へ輸送する手段がない場合には、自衛隊の設置する野戦病院等に負傷者を収容し、医療を行わなければならないことがある。

一方、「医療法」によれば病院等を設置する場合には厚生大臣に協議等を行うこと、また、その病院等は同法に定める構造設備を有することとされている。

自衛隊の設置する野戦病院等は、部隊の移動に合わせて移動する必要があるため、構造設備等の基準を満たすことは困難であると思われる。

したがって、有事に際して自衛隊の設置する野戦病院等については、「医療法」に関して特例措置が必要であると考えられる。

(7)　戦死者の取扱いについて

有事に際して戦死者については、人道上、衛生上の見地から、部隊が埋葬又は火葬することが考えられる。

一方、「墓地、埋葬等に関する法律」によって、墓地以外の場所に埋葬すること、火葬場以外の場所で火葬することが禁じられており、また、墓地に埋葬し、火葬場で火葬する場合にも、市町村長の許可が必要であるとされている。死者が一時期に広範な地域にわたって生じた場合には、既存の墓地、火葬場で埋葬、火葬することが困難となり、市町村長の許可を迅速に得ることも困難であると思われる。

したがって、有事に際して部隊が行う埋葬及び火葬については、「墓地、埋葬等に関する法律」に関して特例措置が必要であると考えられる。

⑻　会計経理について

自衛隊が必要とする工事用資材等の物資を調達する場合、現行の会計法令上では、いわゆる同時履行の原則によることとされているが、自衛隊が必要とする船舶、航空機等については、前金払及び概算払の方式が認められているところである。

有事に際しては、自衛隊の任務遂行に支障が生じないよう工事用資材等の物資の調達についても、前金払等の方式が講ぜられるよう措置されることが必要であると考えられる。

３　今後の研究の進め方

以上に述べたとおり、第２分類について問題点の整理はおおむね終了したと考えられるが、なお、研究は今後も引き続き進める必要があり、その際、有事において自衛隊の行動が円滑に行われるための準備の重要性にかんがみ、陣地の構築のための土地の使用、建築物の建築等の特例措置について、例えば、防衛出動待機命令下令時から適用するというような点をも考慮する必要があると考えている。

また、これまでの検討を踏まえて整理すれば、有事における、住民の保護、避難又は誘導を適切に行う措置、民間船舶及び民間航空機の航行の安全を確保するための措置、電波の効果的な使用に関する措置など国民の生命財産の保護に直接関係し、かつ、自衛隊の行動にも関連するため総合的な検討が必要と考えられる事項及び人道に関する国際条約（いわゆるジュネーヴ４条約）に基づく捕虜収容所の設置等捕虜の取扱いの国内法制化など所管省庁が明確でない事項が考えられ、これらについては、今後より広い立場において研究を進めることが必要であると考えている。

（資料省略）

第２節　ジュネーヴ条約上の国民保護の位置づけ

1　国際人道法の観点から見た国民保護法制

人類の長い戦争の歴史の中で、武力紛争が生じた際に、人道的見地から、傷病者や捕虜、また衛生要員などの非戦闘員を戦争の危険から保護することによって、被害をできる限り軽減するという考え方は、国際的に広く認められている。これを明文化する国際条約として、ジュネーヴ諸条約（1949年（昭和24年））及び二つの追加議定書（1977年（昭和52年））が制定され、これに違反する行為に対しては罰則が設けられている。諸条約の締約国は191ヶ国、第一追加議定書は161ヶ国、第二追加議定書は156ヶ国となっている（2003年（平成15年）12月現在）。

この考え方に基づき、多くの諸外国では、有事における軍隊の行動ルール（戦争のルール）とともに、一般国民が円滑に避難・救助等を行うための制度（我が国で言う「国民保護法制」）が整備されている。

2　国際人道法と国内法の整備の状況

我が国では、武力攻撃事態対処法第21条第２項において、今後整備される事態対処法制において、国際的な武力紛争において適用される国際人道法の的確な実施が確保されたものでなければならない、としている。ここで言う「国際人道法」とは、武力紛争時に適用される国際法であり具体的には、本節１で取り上げた、ジュネーヴ諸条約や第一追加議定書、第二追加議定書等を指す。

我が国は、ジュネーヴ諸条約に加入はしているものの、これらの条約を国内で実行するための国内法の整備は未着手となっている。これは、

1949年のジュネーヴ諸条約に加入した経緯によるものである（通常、国が条約に入るためには、まず、条約に「署名」して、その後にその国の国家元首や議会が条約に同意する必要があるが、何らかの理由で条約に「署名」しなくても、その条約に同意をすることができ、そのような同意を「加入」と呼ぶ。日本は1949年に連合国の占領下にあったため、ジュネーヴ諸条約に「署名」することはできず、1953年、同条約に「加入」することになった。）。通常は、条約を締結する際には、その内容や締結によって発生する権利義務等について国内で十分議論した後に締結することとなるが、このジュネーヴ諸条約の場合、サンフランシスコ講和条約において、講和条約発効後１年以内に、ジュネーヴ諸条約を含む多くの国際条約に加入することを宣言させられ、また、占領下であったため署名ができずに国会に承認を求め、審議がないまま手続が終了している。また、第一、第二追加議定書については未締結の状態である。したがって、有事法制の整備に合わせて、これらの国内法整備を行うことにより国際社会の理解を一層促進させる必要があることから、法制上の措置をしようとするものである（図参照）。

3　ジュネーヴ諸条約とジュネーヴ諸条約追加議定書

戦争その他の武力紛争が生じた場合に、傷者、病者、難船者及び捕虜、これらの者の救済に当たる衛生要員並びに一般非戦闘員を、戦争の危険及び災害から保護することによって、武力紛争による被害をできる限り軽減することを目的とした次の４条約を総称して、「1949年ジュネーヴ諸条約」と呼んでいる。日本は、1953年４月21日に加入している（表２参照）。

① 「戦地にある軍隊の傷者及び病者の状態の改善に関するジュネーヴ条約」（第１条約）

② 「海上にある軍隊の傷者、病者及び難船者の状態の回復に関する

図　国際人道法の的確な実施

◇国際人道法については、法律第21条第２項の規定により、この法案に基づき今後整備される「事態対処法制は、国際的な武力紛争において適用される国際人道法の的確な実施が確保されたものでなければならない」ことと定められている。

※「国際人道法」＝武力紛争時に適用される国際法であって、人道的考慮に基づいて作られた国際法。具体的には、武力紛争による犠牲者を保護することを目的とするジュネーヴ諸条約等を指す。ジュネーヴ諸条約等は、武力紛争時に発生する傷病者や捕虜の人道的待遇、条約の重大な違反行為である非人道的行為の処罰等について定めている。

→国際人道法は、人道的観点から武力紛争において遵守すべき国際法規範であり、事態対処に当たってその的確な実施の確保が求められている。また、これにより、事態対処法制の整備について国際社会の理解を一層促進することにもつながるものと考えられる。

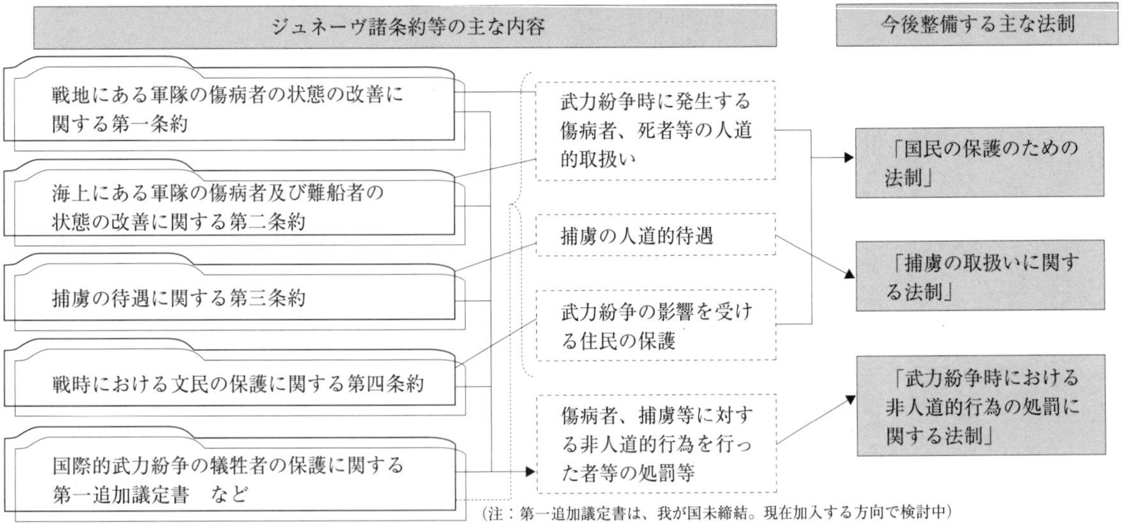

（注：第一追加議定書は、我が国未締結。現在加入する方向で検討中）

（参考１）国際人道法の主要な条約としては、このほか、非国際的武力紛争の犠牲者の保護に関するジュネーヴ諸条約第二追加議定書（我が国は、未締結。現在加入する方向で検討中）がある。
（参考２）「国民の保護のための法制」は、国民の保護という観点から整備されるものであり、上記の項目以外の項目も含まれている。

（内閣官房作成資料より）

表２　1949年（昭和24年）ジュネーヴ諸条約の概要

第１条約 （陸戦の傷病者）	第２条約 （海戦の傷病者）	第３条約 （捕虜）	第４条約 （文民）
第１章　総則 条約尊重義務 条約の適用事態 国内武力紛争	第１章　総則 条約尊重義務 条約の適用事態 国内武力紛争	第１編　総則 条約尊重義務 条約の適用範囲 国内武力紛争 捕虜の定義	第１編　総則 条約尊重義務 条約の適用範囲 国内武力紛争 保護される文民の範囲
第２章　傷者及び病者 基本的待遇 条約の適用対象者	第２章　傷者、病者及び難船者 基本的待遇 条約の適用対象者	第２編　捕虜の一般的保護 人道的待遇・報復の禁止	第２編　住民に対する一般的保護 文民病院、護送航空機
第３章　衛生部隊及び衛生施設 第４章　要員 第５章　建物及び材料 第６章　衛生上の輸送手段 第７章　特殊標章 第８章　条約の実施 第９章　濫用及び違反の防止 重大な違反行為の処罰 最終規定 （全64条）	第３章　病院船 第４章　要員 第５章　衛生上の輸送手段 第６章　特殊標章 第７章　条約の実施 第８章　濫用及び違反の防止 重大な違反行為の処罰 最終規定 （全63条）	第３編　捕虜たる身分 第１部　捕虜たる身分の開始 第２部　捕虜の抑留 営舎、食糧、衛生、医療 第３部　捕虜の労働 第４部　捕虜の金銭的収入 第５部　捕虜と外部との関係 第６部　捕虜と当局との関係 刑罰及び懲戒罰 第４編　捕虜身分の終了 第１部　直接送還及び中立国入院 第２部　敵対行為終了時の解放 第３部　捕虜の死亡 第５編　捕虜情報局 第６編　条約の実施 重大な違反行為の処罰 最終規定 （全143条）	第３編　被保護者の地位及び取扱 第１部　総則 第２部　紛争当事国にある外国人 第３部　占領地域 第４部　抑留者の待遇 収容所、食糧、衛生、医療 刑罰及び懲戒罰、死亡、解放 第５部　被保護者情報局 第４編　条約の実施 重大な違反行為の処罰 最終規定 （全159条）

ジュネーヴ条約」（第２条約）

③ 「捕虜の待遇に関するジュネーヴ条約」（第３条約）

④ 「戦時における文民の保護に関するジュネーヴ条約」（第４条約）

また、武力紛争の形態が多様化・複雑化したことを踏まえ、文民の保護、戦闘の手段及び方法の規制等の点で、ジュネーヴ諸条約をはじめとする従来の武力紛争に適用される国際人道法を発展及び拡充したものとして、国際的武力紛争に適用される第一追加議定書と非国際的武力紛争に適用される第二追加議定書がある（表３参照）。ちなみに、米国は両議定書について未締結である。

4　国民保護の位置づけ

第一追加議定書第４部第１節第６章に「民間防衛」の規定がある。有事の際に地方公共団体の職員をはじめとした非戦闘員が中心となって、国民の保護のための措置を行うが、そうした行為等を保護しなければならないとされている。このような行為の類型として、具体的には次のような行為が追加議定書に規定されているが、これは我が国の国民保護法制上の国民の保護のための措置と同様の行為である。

第61条（定義及び範囲）

この議定書上、

(a)「民間防衛」とは、敵対行為又は災害の危険から文民たる住民を保護し、文民たる住民が敵対行為又は災害の直接的影響から回復することを援助し及び文民たる住民の生存のために必要な条件を提供することを意図した次の人道的任務の一部又は全部を遂行することをいう。

i　警報

ii　立退き

iii　避難所の管理
iv　灯火管制措置の管理
v　救助
vi　医療上の役務（応急手当を含む。）及び宗教上の援助
vii　消防
（以下、略）

また、同議定書第66条において、民間防衛を行う者等を識別するための国際的な特殊標章を使用することができることとなっており、そのデザインはオレンジ色地に青の正三角形の図案となっている。

国民保護法制の法案では、国の機関、都道府県、市町村の組織ごとに、それぞれの機関の職員又はそれに協力する者に対して、当該標章を交付し、又は使用させることができるとしている。この標章の交付の際の詳しい取り決めについては、内閣官房を中心として政府において今後検討がなされる予定である。

国際的な特殊標章

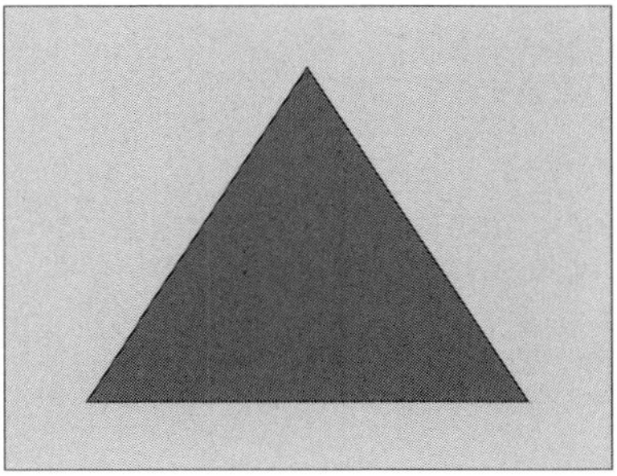

オレンジ色地に青の正三角形の標章

表３　1977年（昭和52年）ジュネーヴ諸条約追加議定書の概要

第一追加議定書（国際的武力紛争）	第二追加議定書（非国際的武力紛争）
第一部　総則 　一般原則及び適用範囲 　定義 　適用開始及び終了時期 第二部　傷者、病者及び難船者 　第一節　一般的保護 　　　　身体の保護 　　　　衛生部隊の保護、民間衛生部隊 　第二節　医療用輸送 　　　　衛生車両、病院船、衛生航空機 　第三節　行方不明者及び死者 第三部　戦闘の方法及び手段、戦闘員及び捕虜 　第一節　戦闘の方法及び手段 　　　　基本原則 　　　　背信行為の禁止 　　　　戦闘外にある者の保護 　第二節　戦闘員及び捕虜 　　　　軍隊、戦闘員及び捕虜 　　　　間諜、傭兵 第四部　文民たる住民 　第一節　敵対行為の影響に対する一般保護 　　　　第一章　基本原則及び適用範囲 　　　　第二章　文民及び文民たる住民 　　　　第三章　民用物 　　　　第四章　予防措置 　　　　第五章　特別の保護を受ける地域地帯 　　　　第六章　民間防衛 　第二節　文民たる住民のための救済 　第三節　紛争当事国の権力内にある者 　　　　第一章　適用範囲並び人及び物の保護 　　　　第二章　女子及び児童のための措置 　　　　第三章　報道記者 第五部　諸条約及びこの議定書の実施 　第一節　総則 　第二節　違反行為の防止 第六部　最終規定 　　（全102条）	第一部　この議定書の範囲 　事項的適用範囲 　人的適用範囲 第二部　人道的待遇 　基本的保障 第三部　傷者、病者及び難船者 第四部　文民たる住民 第五部　最終規定 　（全28条）

第2章
我が国の危機管理体制と国民保護法制の位置づけ

第1節　我が国の危機管理体制

1　我が国が直面する危機

国民保護法制の具体的議論に入る前に、我が国が直面する様々な危機への対応について、先ず概観する。

私たちは、地震、風水害、火山災害等の自然災害のほか、火災、海上事故、危険物事故、原子力事故等の重大な事故など、様々な災害や事故に直面している。特に、世界で発生するマグニチュード6.0以上の大規模地震のうち、およそ2割は我が国で発生しており、日本は世界一の地震大国である（図1参照）。

図1　世界の災害に比較する日本の災害

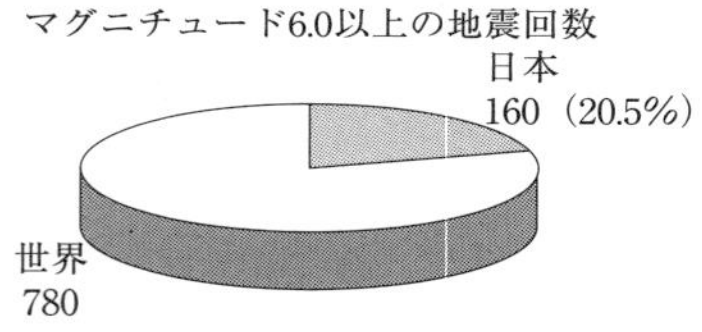

（注）1994年から2002年の合計。世界についてはUSGS資料をもとに内閣府において作成。

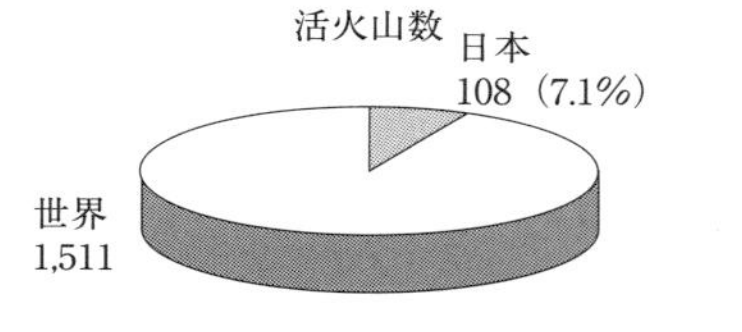

（注）気象庁等の資料をもとに内閣府において作成。活火山の定義は過去およそ1万年以内に噴火した火山等。

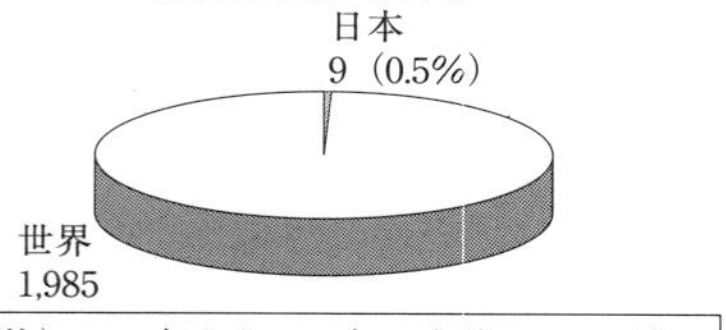

（注）1972年から2001年の合計。CRED資料をもとに内閣府において作成。

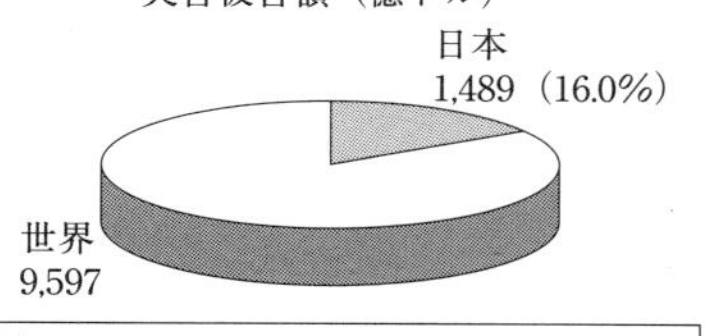

（注）1972年から2001年の合計。CRED資料をもとに内閣府において作成。

「平成15年版防災白書」より

1959年（昭和34年）の伊勢湾台風による大被害をきっかけに、こうした災害等に対し、総合的・体系的に対応する必要性が叫ばれ、1961年（昭和36年）に災害対策基本法が制定された。これにより、災害等への対応は一次的に市町村が行い、それでは十分に対応できない場合には都道府県、国がそれを補完する形で対応することが原則とされ、それぞれの機関の責任や役割が明確化された。

その後、災害関連法制度の更なる整備が行われる中で、国、地方公共団体等における防災体制は着実に整備され、我が国の高度経済成長の下での国内のインフラストラクチャーの充実とあいまって、災害による死者数等の人的被害の規模は数十年にわたり大きく減少するなど、一定の成果を上げてきたと言える（図2参照）。

図2　自然災害による死者等の推移

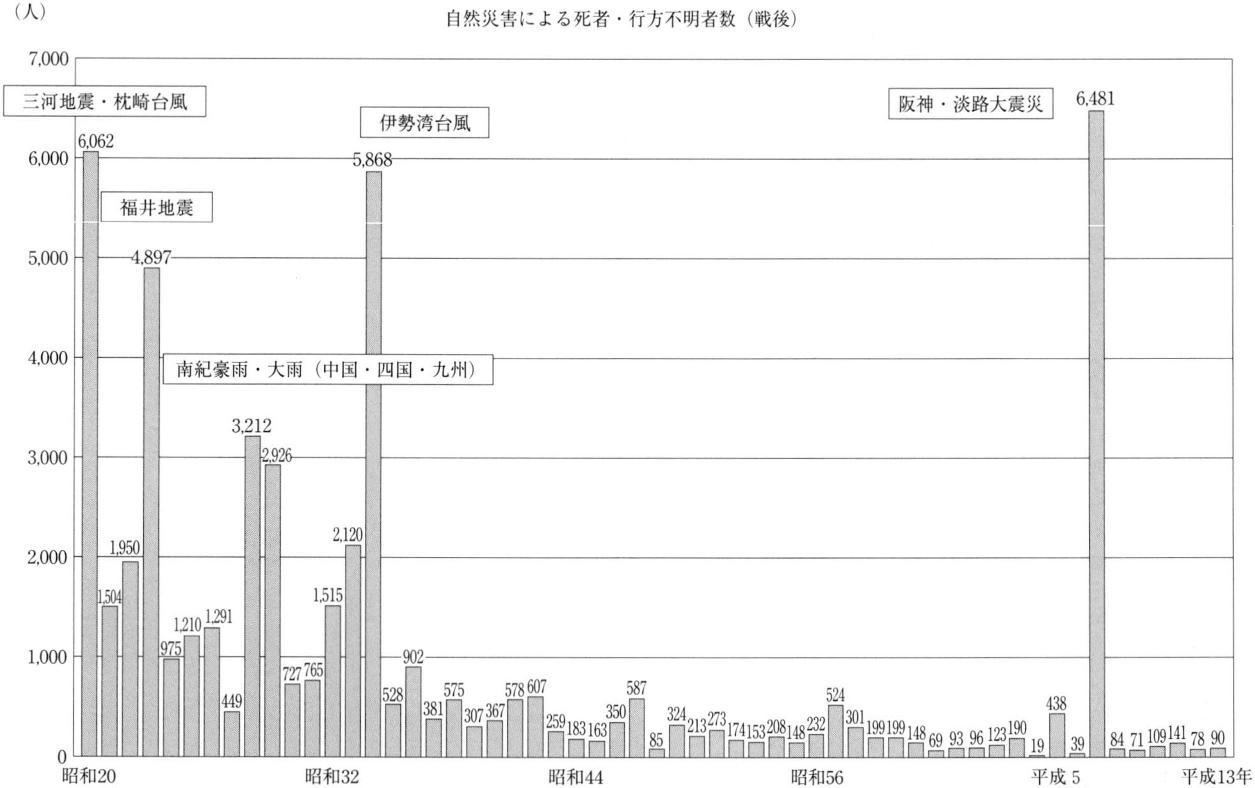

（消防庁作成資料より）

2　阪神・淡路大震災を受けた災害対策基本法等の改正等

しかしながら、1995年（平成７年）１月17日に発生した阪神・淡路大震災は、住宅の倒壊やライフラインの寸断、交通システムの麻痺など甚大な被害をもたらし、6,000人を超える死者・行方不明者を数えたほか、改めて我が国が自然災害の脅威にさらされている現実を明らかにした。

これを受け、災害対策基本法の抜本的な改正が行われ、例えば、都道府県公安委員会による交通規制に関する措置が拡充され、緊急通行車両の通行確保のための措置等が定められた。また、災害緊急事態の布告がなくても著しく異常かつ激甚な非常災害の場合には内閣総理大臣を本部長とする緊急災害対策本部を設置、従来調整しかできなかった指定行政機関の長に対して指示できることとされた。

3　政府の危機管理体制の強化

阪神・淡路大震災に加え、1995年（平成７年）３月には地下鉄サリン事件、1996年（平成８年）12月には在ペルー日本国大使公邸占拠事件などの大災害、重大事件等が発生したことを受け、内閣法等の改正により、1998年（平成10年）４月、内閣官房に内閣危機管理監が設置され、2001年（平成13年）１月の中央省庁再編においては、従来国土庁防災局で担われていた防災行政が、新設された内閣府に移管され、中央防災会議が経済財政諮問会議、総合科学技術会議、男女共同参画会議とともに内閣府設置法上の「内閣の重要政策に関する会議」に位置づけられた。さらに特命担当大臣として、新たに防災担当大臣が置かれるなど、大幅な組織改編が行われた。

一方、災害時の緊急即応体制の整備として、関係省庁が収集した第一次情報を内閣情報調査室に集約することとされるとともに、1996年（平成８年）５月に官邸においても24時間態勢で対応に当たることとなった。

4　新官邸の危機管理センター

2002年４月からは、新官邸の建設に伴い設けられた新たな官邸危機管理センターの運用が開始され、耐震性を含む建物の安全性・信頼性が確保されるとともに、最新のマルチメディアに対応した情報通信設備等が備えられた。大規模災害発生時には、関係省庁の幹部が緊急参集し、消防庁、警察庁、自衛隊等実働省庁のヘリコプターから送られてくる被災地の映像や、関係省庁から報告される様々な被害情報を把握・分析し、速やかに内閣総理大臣に報告して、基本的な対処方針を決定することになる（図３参照）。

図３　新官邸における危機管理機能の強化

新官邸本館の構成

新官邸本館は、中庭を取り囲むように、主に執務室を配置した南北のウイングと、玄関ホール、レセプションホールなど天井の高い諸室を配置した東西のブロックから構成し、地上５階及び地階の階層とする。
５階には内閣総理大臣、内閣官房長官、内閣官房副長官等の執務室、４階には閣議室、接見室等の会議室及び総理の補佐スタッフが総理の直近で総理の意向を踏まえながら執務できるよう内閣執務室を配置する。
１階には記者会見室、記者クラブ室をはじめとする広報関係諸室を配置する。
地階には、危機管理センターを配置する。
屋上はヘリコプターが離着陸できるよう整備する。

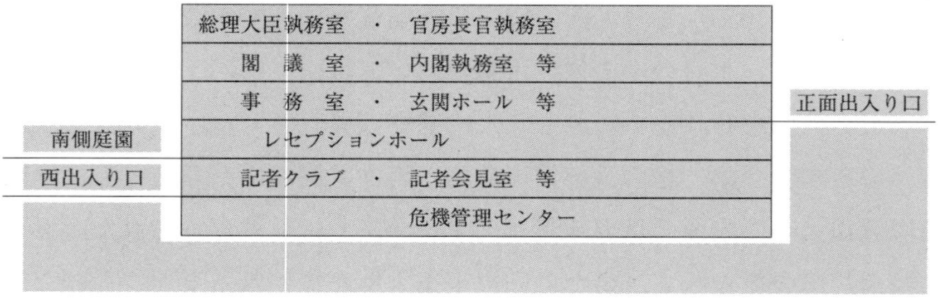

（内閣官房作成資料より）

最も被害が大きく、最も救援を必要としている地域ほど現場が混乱していてその状況が報告されず、応援要請も遅れるという阪神・淡路大震災の教訓を踏まえ、災害発生後、直ちに地形、地盤状況、人口、建築物、防災施設などの情報をコンピュータ上の数値地図と関連づけて管理する「地理防災情報システム」（DIS：Disaster Information System）、とりわけ「地震被害早期評価システム」（EES：Early Estimation System）による被害規模の概要の推計を地震発生30分以内に行うようになっている。

消防庁においても、簡易型地震被害想定システムを開発し、運用している。このシステムは、日本全国の地盤、人口、建物に関するデータを１kmメッシュで備え、震源の座標、深さ、マグニチュードを入力するだけで、震度、家屋の倒壊数、死者数、火災の発生件数を面的に瞬時に予測することが可能である。単独のパーソナルコンピュータで動作可能で、消防庁をはじめ地方自治体、消防本部、民間企業など約2,000の団体で利用されている。このシステムの予測結果は、消防庁が取りまとめる被害速報と併せて官邸に報告されている。

5　現在の政府の初動対処体制

政府の初動対処体制における基本原則は、国民の生命、身体、財産又は国土に重大な被害が生じ又は生じるおそれがあるすべての緊急事態に対し、災害対策基本法、武力攻撃事態対処法、安全保障会議設置法その他関係法令により対処し、緊急事態に際して政府一体となった初動対処体制をとることにより、速やかな事態の把握に努めるとともに、被災者の救出、被害拡大の防止、事態の終結に全力を尽くすことである。

その流れは以下のとおりである（図４参照）。

1　緊急事態に関する情報集約

関係省庁は、緊急事態及びその可能性のある事態を認知した場合は直ちに官邸の内閣情報調査室へ報告するとともに、事態の推移と対処の状況についても適時に報告する。関係省庁は、航空機、船舶等を活用した

図４　政府における初動対応（大規模震災発生の場合）

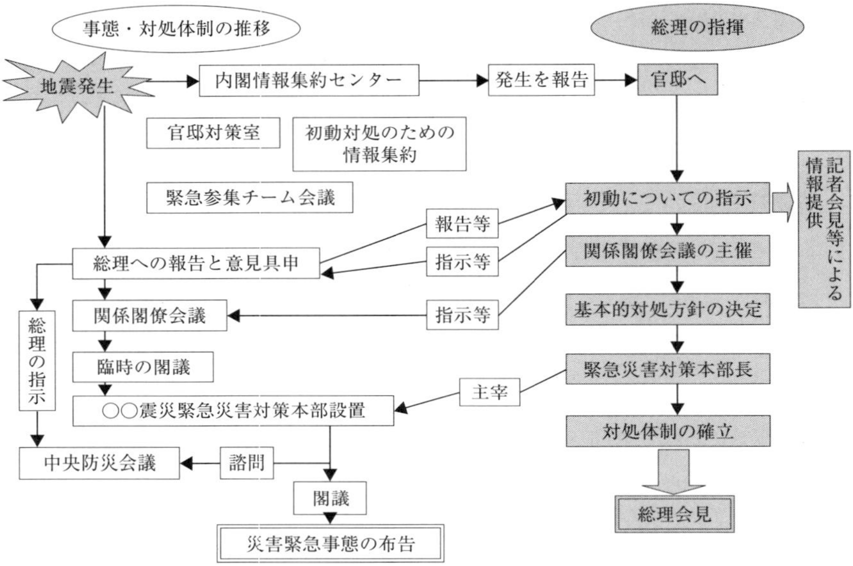

活動を展開するなど情報収集活動を効果的かつ迅速に実施するとともに、官邸危機管理センターへ連絡要員を派遣する等政府としての情報集約が円滑に行われるよう努める。

内閣危機管理監は、緊急事態に関する情報を掌握し内閣総理大臣及び内閣官房長官へ報告、必要な指示を受ける。

２　緊急参集チーム等

内閣危機管理監は、事態に応じ緊急参集チーム（関係省庁等の局長等の幹部）を官邸危機管理センターに緊急参集させ、政府としての初動措置に関する情報の集約等を行うとともに、官邸危機管理センターに官邸対策室を設置する。

内閣官房副長官は、内閣官房長官を補佐し、事態に応じ政府の対応に関して総合調整を行う。

３　関係閣僚協議

緊急事態に関し、政府としての基本的対処方針、対処体制、その他の対処に係る重要事項について協議するため、必要に応じ内閣総理大臣又は内閣官房長官と当該緊急事態に関係する閣僚による関係閣僚協議を行う。

４　安全保障会議

武力攻撃事態、武力攻撃予測事態及び重大緊急事態に関するものについては、内閣官房長官の指示により事態対処専門委員会において対処について緊急協議を行うとともに、内閣総理大臣の指示により安全保障会議において迅速に審議する（図５参照）。

５　対策本部

政府全体として総合的対処が必要な場合には、関係法令又は閣議決定等に基づき、緊急事態に応じた対策本部を迅速に設置する。

図５　安全保障会議と事態対処専門委員会

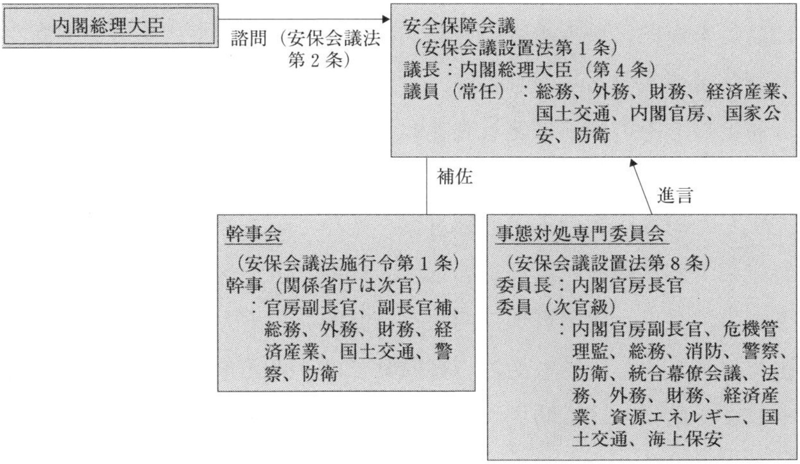

第２節　地方公共団体の危機管理体制

1　地方公共団体の危機管理体制の整備充実

以上のとおり、阪神・淡路大震災以降、我が国の防災体制は、特に政府において初動体制を中心に大きく進歩したと言える。

地方公共団体においても、消防機関に関しては、この大震災をきっかけに大規模災害発生時における人命救助、消火活動をより効果的かつ迅速に実施する体制を国として確保するため、「緊急消防援助隊」が創設された。その後、2003年６月には消防組織法が改正され、大規模・特殊災害における消防庁長官による指示権やその際に生じた費用や計画に基づく設備整備等について、国が経費を補助負担することが定められた。この結果、消防庁に2004年（平成16年）３月末時点で登録されている2,820隊の部隊が、緊急消防援助隊として広域応援活動に従事する仕組みが整備された。

一方、消防機関を除く地方公共団体においても、兵庫県のように、震災前は防災を専門に扱う組織のトップは生活環境部の下にあった消防交通安全課防災係長であったものが、震災後には、特別職級の防災監を設置し、防災局をその配下に擁し先進的な防災対策を進めてきているところがある。また、将来予想される巨大地震を想定した対策を進めるために、充実した組織体制の下で各種対策を進めている静岡県では、東海地震を想定し、部長級の防災局長の下に、体系立った対策を蓄積しつつある。さらに、防災・危機管理に関する自覚的な考え方に基づき、防災体制の強化に乗り出した県もある。鳥取県では、1999年（平成11年）７月に、それまで県における防災の専任責任者のトップが生活環境部消防防災課防災係長であったところ、部長級の防災監というポストを作りレベルアップし、その下に防災系の組織を充実して防災対策を強化している。

このように、個々の各地方公共団体においては、それぞれ主体的な取組みが行われてきているが、大規模災害時の応援、受援、円滑な情報伝達を考慮すると、全国的に組織体制について、更なる充実強化を図るとともにその名称、体制のあり方の標準化を図ることも必要な時代になっている。

そして、危機管理能力の強化を目指す団体にあっては、危機管理監等の専任スタッフが首長等を補佐し、各部局を統括し又は調整するといった方向で、組織のあり方を構築していくことが求められている。もとより、危機管理組織のあり方について、地域の災害危険度に応じ、定めていくことが大前提であるが、国民保護法制の制度化も視野に入れつつ危機管理体制の重要性が高まっている昨今、危機管理組織の抜本的な充実が求められている。

消防庁は、このような認識の下、全国の地方公共団体に対し、危機管理体制の充実を求めてきたが、各団体においてもこうした認識は徐々にではあるが共有されるところとなってきており、都道府県においては、1998年（平成10年）４月に比べ、2004年（平成16年）４月には次長級以上の幹部職員を危機管理の専任ポストとしている団体数は、９団体から37団体へと４倍以上となっている（表１参照）。

2　組織形態の標準化、指揮命令系統の統一等の必要性

地方の防災体制の強化のためには、それを支えるシステムが使いやすいものであることが求められる。大規模災害時においては、情報の円滑な伝達体制を確保し、危機管理担当部局のみならず、全庁挙げての対応や近隣の市町村や都道府県の支援が必要となるが、これらの対応が効率的に実施されるためには、異なる組織の者同士が共通の認識の下に災害活動を行うノウハウの確立が必要である。米国では、ICS（Incident

表1　都道府県における部次長級以上の防災・危機管理専門職

平成16年４月１日現在

	都道府県名	職名								
		部（局）長よりも上席の理事等			部（局）長級			部（局）次長級		
		平成16年	平成15年	平成10年	平成16年	平成15年	平成10年	平成16年	平成15年	平成10年
1	北海道					危機総括監（部長職・兼任）		危機対策室長	総務部総合防災対策室長	
2	青森県									
3	岩手県							総合防災室長	総合防災室長	
4	宮城県							危機管理監	危機管理監	
5	秋田県				危機管理監（兼）総務部長	危機管理監（兼）総務部長				
6	山形県				危機管理監	危機管理監		危機管理室長	危機管理室長	
7	福島県									
8	茨城県							生活環境部参事（防災担当）	生活環境部参事（防災担当）	生活環境参事（防災担当）
9	栃木県									
10	群馬県									
11	埼玉県				防災安全局長	防災安全局長				防災局長
12	千葉県							防災対策監（兼）危機管理監	防災対策監（兼）危機管理監	防災対策監
13	東京都				危機管理監	危機管理監				
14	神奈川県				防災局長	防災局長	防災担当部長	防災局次長	防災局次長	
15	新潟県				危機管理監				危機管理監	
16	富山県				政策総括監（兼）危機管理担当理事	政策総括監（兼）危機管理担当理事		経営企画部次長（兼）危機管理担当参事	経営企画部次長（兼）危機管理担当参事	
17	石川県							防災・保護担当次長	防災・安全担当次長	
18	福井県							危機対策監	県民生活部理事（安全・防災）	
19	山梨県							危機管理監		
20	長野県				危機管理室長	危機管理室長				
21	岐阜県				防災局長	防災監		参事（防災担当）・参事兼防災政策課長	参事（防災担当）	
22	静岡県				防災局長 防災局技監	防災局長 防災局技監	防災局長	防災局次長 防災局次長	防災局次長 防災局次長 防災局参事	防災統括監
23	愛知県				防災局長	防災局長		防災局次長	防災局次長	防災監
24	三重県				防災危機管理局長	防災監				
25	滋賀県							防災監	管理監	

26	京都府							防災監	防災監	
27	大阪府				危機管理室長	防災室長	防災監			
28	兵庫県	防災監	防災監	防災監				防災局長	防災局長	
29	奈良県									
30	和歌山県				危機管理監			危機管理局長	防災局長	
31	鳥取県					防災監		防災監		
32	島根県							総務部次長(危機管理)	総務部次長(危機管理)	
33	岡山県							危機管理監	危機管理監	
34	広島県							危機管理総室長	危機管理総室長	
35	山口県									
36	徳島県	政策監			防災局長	副理事(南海地震対策担当) ※H15.9～県民環境部防災局長				参事(防災・環境担当)
37	香川県				理事兼危機管理監				危機管理監(兼)総務部次長	
38	愛媛県									
39	高知県				理事(危機管理担当)	理事(危機管理担当)		参事(危機管理担当)・兼地震対策調整監	参事(危機管理担当)	
40	福岡県									
41	佐賀県				危機管理・報道監					
42	長崎県				理事(危機管理・防災・基地対策担当)	理事(危機管理・防災・基地対策担当)				
43	熊本県							危機管理監	危機管理監	
44	大分県							危機管理監		
45	宮崎県							危機管理局長		
46	鹿児島県							次長(防災危機管理・国際等担当)		
47	沖縄県									
	団体数	2	1	1	19	18	3	28	26	6

平成16年度
部局長級以上を設置：計19団体（平成10年：４）
次長級以上を設置　：計37団体（平成10年：９）

表２　標準化の検討について（例）

○　米国のICS（Incident Command System）の具体的な内容

１）応急対応に係る組織（災害対策本部）の標準化

マネージャーの下に、（ｉ）情報・解析・計画班
（ii）業務班
（iii）兵站班
（iv）財政・管理班
の４班体制を標準とし、各機関はこれに従って組織整備を行う。

２）業務の標準化

応急対応に係る業務を12に分類し、各機関はこの分類に従って対応業務を実施をする。
※輸送、通信連絡、公共事業工事、消防、情報企画、集団救護、資源支援、保健医療、都市検索・救助、危険物、食料、エネルギー

３）用語の統一化

各機関、組織で用いる用語についても標準化、統一化を行う。

○　自衛隊、警察と消防における用語の相違の例

区分／組織	見回り（パトロール）	広　報	場　所
自衛隊	巡　察	「報道発表」の意味で使用	緯度・経度
警　察	警　ら	「一般市民へのPR」の意味で使用	住　所
消　防	巡　回	「一般市民へのPR」の意味で使用	住　所

Command System；用語の統一、組織形態の標準化、情報システムの統一、指揮命令系統の統一などを行い、場所、団体が異なっていても同一に対応できるシステム）という制度があり、標準化が進んでおり、いずれの団体においても危機管理に関する組織形態や使用用語が標準化されている（表２参照）。組織形態についてもこのICSの考え方を導入し、標準化についても検討する必要がある。

また、大規模災害の発災時には、防災業務は、防災主管課のみならず、全庁的に対応する必要が出てくる。そこで、防災主管課（例：消防防災課）以外の部署が、普段から自らの防災施策について責任を持ち、災害予防対策、応急対策、復旧・復興対策を図るため、防災関係部局以外の部署での防災責任者の設置についても検討する必要がある。

第３節　国民保護法制の位置づけ

1　武力攻撃事態対処法

1　有事法制の整備の必要性

近年、日本近海で武装不審船が出没し、隣国による日本人の拉致被害が明るみに出たほか、米国における2001年（平成13年）９月11日の米国同時多発テロをはじめとする大規模テロが世界各国で発生するなど、我が国の安全保障を取り巻く環境は大きく変化し、国民に大きな不安を与えるとともに、外部からの危険に備えることの重要性を再認識させることとなった。

政府においては、9・11米国テロ発生に際し、我が国ではテロ災害に対して災害対策基本法の適用を排除するものではないという解釈が行われたところであるが、もとより災害対策基本法は、武力攻撃事態等やそれに準ずる大規模テロを想定した法律ではなく、このような事態に係る被害軽減を適切に行いうる法体系が求められることとなった。

このような状況の中、武力攻撃事態という国と国民の安全にとって最も緊急かつ重大な事態への対処を中心に、基本的な危機管理体制の整備を図るため、2003年（平成15年）６月13日、「武力攻撃事態等における我が国の平和と独立並びに国及び国民の安全の確保に関する法律」（武力攻撃事態対処法)、「改正自衛隊法」、「改正安全保障会議設置法」のいわゆる有事関連三法が施行された（図６参照)。

2　我が国の法体系における「有事」の位置づけ

武力攻撃とは、我が国に対する外部からの武力攻撃を指すが、これまで、我が国に対する武力攻撃が発生した場合において、自衛隊がその任

図6　有事関連三法（平成15年6月13日公布・施行）

武力攻撃事態対処法

Ⅰ　総則
　1　武力攻撃事態等への対処に関する基本理念
　2　国、地方公共団体、指定公共機関の責務
　3　国と地方公共団体との役割分担
　4　国民の協力

Ⅱ　武力攻撃事態等への対処のための手続等
　1　対処基本方針及びその国会承認
　2　対策本部の設置、組織、所掌事務等
　3　対策本部長、内閣総理大臣の権限
　4　損失に関する財政上の措置
　5　安全の確保
　6　国連安保理事会への報告　等

Ⅲ　武力攻撃事態等への対処に関する法制の整備
　1　事態対処法制の整備に関する基本方針
　2　事態対処法制の整備
　　①　国民の生命等の保護、国民生活等への影響を最小にするための措置
　　②　自衛隊の行動を円滑かつ効果的なものとするための措置等
　　③　米軍の行動を円滑かつ効果的なものとするための措置
　3　事態対処法制の計画的整備

Ⅳ　補則（上記以外の緊急事態対処のための措置）
　武力攻撃事態以外の国及び国民の安全に重大な影響を及ぼす緊急事態への対処を円滑かつ迅速に実施するために必要な施策を講ずる。

安全保障会議設置法改正

事態対処に係る安全保障会議の役割の明確化・強化
- 諮問事項の追加
- 議員に関する規定の整備
- 事態対処専門委員会の設置

自衛隊法等改正

自衛隊の行動の円滑化

自衛隊法の改正
- 物資の収用等
- 防御施設構築の措置及びこれに伴う権限
- 緊急通行
- 保管命令に違反して隠匿した者等及び立入検査を拒んだ者等に対する罰則
- 防衛出動手当の支給等

自衛隊法による関係法の特例、適用除外
- 部隊の移動、輸送
- 土地の利用
- 建築物建造
- 衛生医療
- 戦死者の取扱い

務を遂行するための法律として自衛隊法などが存在していたが、我が国が武力攻撃に対処する態勢をとるべき「有事」とはどのような事態であるのか、その事態に国全体としてどのような方針や手続で対応するのか等の基本的な法制は存在しなかった。

武力攻撃事態対処法は、対象とする事態の定義、事態への対処に関する基本的理念、国全体としての対処の枠組み等の基本的事項を明らかにしているものであり、有事法制全体の中核となる法律と位置づけられるものである。

3　武力攻撃事態対処法の構成

武力攻撃事態対処法は四つの章からできており、第１章「総則」では、法律の目的、用語の定義、事態対処に関する基本理念、国、地方公共団体及び指定公共機関の責務、また国民の協力について定めている。第２章は「武力攻撃事態等への対処のための手続等」、第３章は「武力攻撃事態等への対処に関する法制の整備」であり、今後整備する国民の保護のための法制をはじめとする個別法制の整備に関する基本方針とその内容等について定めている。また、第４章「補則」では、大規模テロなど武力攻撃事態以外の緊急事態への対処の考え方について定めている。

2　国民保護法制

1　武力攻撃事態対処法の制定に伴う国民保護法制整備

武力攻撃事態対処法においては、国民の生命や財産を守るための「国民の保護のための法制」の整備を行うこととされており、現在、法案が国会に提出されているところである。有事においては、自衛隊が侵入者を排除するというその任務を適切に果たすことに加え、自治体や地域の活動により国民が安全な場所に避難し、被害を最小限にすることができてはじめて、我が国の真の安全保障が全うされることになる。

2　国民保護法制の必要性

近年の緊迫した国際情勢を背景として、我が国においても、有事を想定した法的枠組みの必要性が叫ばれるようになり、2003年（平成15年）６月の武力攻撃事態対処法成立から１年以内の整備を目指して（衆参両院における附帯決議による）、４回にわたる国民保護法制整備本部（本部長：福田康夫内閣官房長官）における閣僚級の議論を経て、現在「武力攻撃事態等における国民の保護のための措置に関する法律案」（いわゆる国民保護法制）が国会に提出されている。

有事においては、自衛隊は、外部からの攻撃を排除する役割（いわゆる侵害排除）を果たすことになるが、その際、一般国民が、敵の攻撃による被害を免れるよう、警報が適切に伝達され、危険な地域から避難できることは極めて重要なことである。

特に、現代の戦争においては、武力攻撃により、戦闘員だけでなく、膨大な数の非戦闘員が犠牲となるケースが多いことから、こうした仕組みは不可欠なものと言える。

この法制がなければ、例えば我が国がミサイル攻撃などを受けた場合でも、警報を発する仕組みも存在しないし、武力攻撃から逃れるための系統立った指示も行われないことになってしまう。残念ながら、現在の我が国の状態はこの懸念さるべき状態に置かれている。これでは日本が攻撃された場合に数多くの尊い命が危険にさらされることになるのである。1976年（昭和51年）の函館空港に降りたったソ連のミグ25戦闘機による亡命事件の際には、住民向けに何の警報も発せられることなく、何の避難指示も行われることがなかったことが改めて想起される。

3　法制のあらまし

国民保護法制の仕組みにおいては、武力攻撃事態やその予測事態が発生した際には、国から警報や避難開始の指示が出され、都道府県知事から具体的な避難方法についての指示が出される。これを受けて、市町村が、地元の消防団や自主防災組織等と連携しながら住民を避難誘導することになる。その際、放送や運輸の事業者は、警報の伝達や住民及び物資の輸送を行うことが義務づけられる。

また、避難生活のための食品や医療、生活必需品等の提供、安否情報の提供、電気や水の安定供給、施設の応急復旧、武力攻撃による火災や危険物質等による汚染の除去が行われる。

なお、国民保護法制は、外国軍隊による武力攻撃だけでなく、大規模なテロなどのケースにおいても準用されることになる。突然発生するテロ等においては、国の判断を待たず、現場の自治体の首長が、国の警報に準じた「緊急通報」を出したり、住民を退避（国の指示に基づく「避難」に準じ）させることとなる。

国民は、こうした活動が円滑に実施されるよう、避難や救助、負傷者の搬送、保健衛生への支援のほか、訓練への参加について、必要な協力をするよう努めることとされている。

一方で、有事にあっても国民の権利は尊重されなければならないため、これに制限が加えられる場合にあっても、土地・建物の一時使用、医薬品等の緊急物資の売り渡し等のケースに限り、かつ、公正・適正な手続の下で行われることとされており、損失や損害が発生した場合にはそれに対する補償が受けられる仕組みになっている。

4　地方公共団体等との意見交換

国民保護法制の検討に当たっては、従来の法案作成の一般的なプロセスとは異なり、検討段階から2002年（平成14年）11月に「輪郭」を、2003年（平成15年）4月に「概要」を、11月には「要旨」を段階的に国会や地方公共団体に示し、原案に対する意見を求め、理解を幅広く得ながら進めていく方法がとられた。その際、以下のとおり、地方公共団体の首長との意見交換が行われ、そこで出された意見を法案に反映する作業が繰り返し行われた。

2003年（平成15年）

8月7日	国民の保護のための法制に関する都道府県知事との意見交換会
8月20日	指定都市市長との懇談会
8月22日	中核市市長との懇談会

11月21日　国民保護法制に関する説明会（都道府県担当部長）
11月28日　全国市長会との意見交換会
12月１日　国民の保護のための法制に関する都道府県知事との意見交換会
12月２日　全国町村会との意見交換会
12月18日　国民の保護のための法制に関する関係機関・団体及び有識者との意見交換会
2004年（平成16年）
２月２日　国民保護法制に関する都道府県担当部長説明会

また、地方公共団体から法案内容に対する要望等も繰り返し出されている。

2003年
５月16日　中国地方知事会「有事法制についての緊急アピール」
10月17日　中部圏知事会「国民保護法制に関する緊急提言」
11月13日　全国市長会「決議・重点要望事項」
12月15日　全国都道府県議会議長会・全国市議会議長会・全国町村議会議長会「国民保護法制の整備に関する要望」
2004年
１月15日　中部圏知事会「国民保護法制に関する提言」
１月19日　危機管理研究会（全国知事会）「国民保護対策についての緊急提言」
２月27日　危機管理研究会（全国知事会）「国民保護対策についての緊急提言」

５　国民保護法制の「要旨」に対する地方公共団体からの主な意見と政府としての対応

2003年（平成15年）11月から12月にかけて行われた地方公共団体との意見交換会においては、主に以下のような意見が出された（なお、政府としての対応については、→以下に付記している。）。

⑴　都道府県知事からの主な意見

〔都道府県知事の権限について〕

①　自衛隊は、侵害排除に支障のない限り、国民の保護のための活動を行わなければならないことを明確にすべきである。また、都道府県知事は、都道府県警察に対して指示することができるようにすべきであるとの意見があった一方、「要旨」において都道府県知事が国民の保護のために自衛隊の派遣要請ができること、また、都道府県警察に対し必要な措置を講ずるよう求めることができるとされていることでよしとする意見があった。

→後段意見のとおり、都道府県知事による自衛隊への派遣要請及び都道府県対策本部長による警察への必要な措置の求めを法案に規定。

〔平時における地方公共団体の活動とそれに対する財政措置について〕

②　有事の際に的確な対応をするには平時からの訓練等が必要であり、平時からの準備に要する経費についても国が責任を持って財政措置をすべきである。

→法案上、有事における住民の避難、避難住民等の救援、武力攻撃災害への対処、損失補償・損害補償等に要する費用については、地方公共団体の職員の人件費、地方公共団体の管理及び行政事務の執行に要する費用並びに地方公共団体が施設の管理者として行う事務に要する費用で政令で定めるものを除き、すべて国が負担する旨を規定する予定。

上記以外の費用については、地方公共団体が負担する旨を規定する予定。したがって、平時の準備経費（計画、協議会、訓練、資機材等）は地方負担となる予定。なお、応急復旧については、引き続き協議中。

また、国は地方公共団体が負担する費用について、予算の範囲内において、その一部を補助することができる旨の規定を置く予定。

〔基本指針の作成について〕

③　武力攻撃の態様、自衛隊の行動との調整等の想定を国の責任で行い、地方公共団体が作成する計画やマニュアルの指針を示すべきである。

④　基本指針を作成するに当たり、十分に都道府県の意見を聴くべきである。

→法案成立後、武力攻撃の態様や被害想定をはじめ、計画策定に必要な情報を提供。各省庁と連携し、消防庁において地方公共団体の計画やマニュアルを作成。また、基本指針については、地方公共団体の意見を聴いて、内容に反映させる。

〔原子力発電所対策について〕

⑤　原子力発電所対策は専門的な分野であり、マニュアルの作成等の工夫が必要である。

→武力攻撃事態等における原子炉の運転停止命令等を法案に規定。その具体的な手続や基準は検討中。

〔大規模テロ等の事態への対処について〕

⑥　大規模テロ対策のほかに、大規模テロに至らないようなテロ等の事態についても、法律のすき間が生じないように総合的に対処すべきである。

→大規模テロ等については、国民保護法制において緊急対処事態として規定し、武力攻撃事態等への対処に準じた措置をとる仕組みとする。それ以外のテロへの対処は、既存の法令に基づき対処。

(2)　市町村長からの主な意見

〔市町村と自衛隊との関係について〕

①　市町村長は、都道府県知事を介することなく自衛隊の派遣を要請することができるようにするべきである。

→市町村長は、知事を介して派遣要請できないときは、国民保護のために実施する必要がある事項を防衛庁に連絡できる。この場合、防衛庁長官は、直ちに対策本部長に報告し、対策本部長は、必要と認める場合には、防衛庁長官に自衛隊の派遣を求めることができる。

〔地方公共団体に対する財政措置について〕

②　地方公共団体が実施する措置に係る費用、訓練に要する費用及び防災行政無線や消防に係る資機材の整備等に要する費用については、国が負担すべきである。

→上記⑴②参照。

〔基本指針の作成について〕

③　国民保護計画の策定のために、基本指針を速やかに示すべきである。

→法律の成立後、できる限り速やかに策定。

〔情報提供について〕

④　国からの情報の伝達方法を明確化するとともに、市町村が、国及び都道府県に情報提供を要請することのできる仕組みを明確にする必要がある。

→国から国民への適時・適切な情報提供を法案に規定。国・地方の具体的な情報共有の仕組みは今後検討を深める。

〔原子力発電所の大規模テロ対策について〕

⑤　大規模テロ攻撃等における避難等の対策を行えるようにする必要がある。

→上記⑴⑥参照。

6　地方公共団体における国民保護への取組み

一部の地方公共団体では、国民保護法制に対する取組みがいち早く進んでおり、特に鳥取県では、国民保護法制成立以前に武力攻撃に遭った際の対応について、事態をシミュレーションした上で問題点を指摘するなど、政府における検討にも大変参考となる取組みが行われているところである。

各都道府県における国民保護に関するフォーラム開催や検討の状況は、次のとおりである。

2003年
7月9日　鳥取県「防災関係機関情報交換会」
10月30日～31日　鳥取県「第1回国民保護フォーラム」
11月28日　京都府「総合的な危機対応に係る意見交換会」
12月13日　福井県「有事の際の国民保護に関するフォーラム」
12月　北海道「武力攻撃事態等における住民避難等の対応について―国民の保護のための法制の整備に向けた検討課題―」（検討資料）
2004年
1月21日　大阪府「防災・危機管理講演会」
1月～3月　鳥取県「国民保護担当市町村職員教育訓練計画の大綱」
2月3日　滋賀県「危機管理フォーラム」

7　地方公共団体における国民保護法制の実施体制の整備

総務省・消防庁は、2004年度（平成16年度）に法制が成立することを見据え、都道府県が、市区町村に対し、法制の趣旨や内容を適切に伝え、各地域における実施体制への早期移行や住民への周知を図るとともに、国民保護計画の策定準備に着手するため、地方公共団体における国民保護法制の実施体制の整備について、各都道府県・市町村に対して要請しており、現に相当数の都道府県において、組織要求が行われ、体制が整えられつつある。

また、武力攻撃事態等においては、情報を専ら保有する国から地方公共団体への情報伝達が基本となっており、また、都道府県を越える広域的な避難等の対応が求められることからも、前述の組織形態の標準化、指揮命令系統の統一化等が、自然災害時に比べ、一層必要となってくる。

FEMA（連邦危機管理庁）を他の省庁と統合させて2003年３月に新たに設置された米国のDHS（Department of Homeland Security：国土安全保障省）においては、前述のICSを更に発展させ、各州、各市町村を包括した国家システムであるNIMS（National Incident Management System：全米被害管理システム）を構築中であり、我が国においても、標準化等に向けた取組みが求められている。

第３章
国民保護法制における
国・地方公共団体の役割

第１節　災害対策基本法のスキームと国民保護法制のスキームの基本的相違

１　責任の所在

地震・台風・火山の噴火などに代表される自然現象は、建物の崩壊・火事・洪水・崖崩れなどを引き起こし、多大な被害を与えてきた。科学技術の発達した現在においても、相手は大自然であり、これらの自然現象そのものの発生を食い止めることは不可能である。また、発生時期や発生場所を操作することもできない。

自然現象については国の努力によって発生自体を回避できるということはなく、自然現象による災害は、当該自然現象が発生したその地域が一義的に対処してきたという歴史的事実がある。例えば、江戸時代の宝永四年（1707年）に富士山が大噴火をした際ですら、当時の中央政府としての江戸幕府の対処は緩慢であったとされている。

これに対して、武力攻撃事態等というのは、ある意味で、国家どうしの外交が失敗したことにより発生するものと言っても過言ではない。国のレベルでの国際情勢の推移や諸外国との外交関係に起因して、その結果として外国との交戦状態に至るからである。地方公共団体は、基本的には外交に関わる機会はほとんどなく、国がその外交責任を負っており、国の外交努力次第によっては、武力攻撃事態等の発生を食い止めることも可能なのである。

そのため、武力攻撃事態等については国の責任が前面に出てくることになる。仮にある地域が武力攻撃を受けたとしても、基本的にはそれは武力攻撃を受けたその地域の責任ではなく、日本国全体を代表してその地域が攻撃を受けたということになるのであって、そのような意味で、地域ではなく国の責任ということになる。

2　自然災害と武力攻撃等による災害に対する対処の違い

自然現象と武力攻撃事態等においては、その災害に対する対処方法についても違いが見られる。

まずは情報について考えてみると、国には様々な外交ルートや情報収集機関等を通じて、国際情勢や諸外国の政治状況、軍事情報などの安全保障関係の情報が集約されるため、事態について適切な分析を行うことができると想定される。他方、地方公共団体の情報収集能力には限界があり、武力攻撃事態等において的確な判断を下すだけの情報を自力で手に入れることは極めて困難である。

そのため、国として収集した情報に基づいて的確な判断を下し、責任を持って地方公共団体に指示を行う必要がある。

次に、対応主体について考えてみると、日本において他国からの武力攻撃による侵害を排除する能力を持つのは自衛隊と在日米軍のみであり、地方公共団体にはその能力はない（警察はあくまで治安の維持が主たる任務であり、侵害排除は任務ではない。）。

そのため、自衛隊と在日米軍の任務遂行をなるべく妨げないように国民の保護のための措置を行う必要があり、国による適切な調整作業が必要となる。

3　自治事務・法定受託事務

自然災害であれば、第一対応者（ファースト・リスポンダー）は市町村になる。そして、市町村では対応しきれないことを都道府県が補完し、都道府県では対応しきれないことを国が補完するという構成をとり、市町村→都道府県→国という「補完性の原則」で貫徹されている。

他方、武力攻撃等による災害に関しては流れが逆で、国→都道府県→

市町村という流れになる。国が的確な情報収集及び情勢分析に基づき都道府県に指示を出し、さらに都道府県が市町村に指示を出すという指揮系統になる。

実際に避難誘導や救援等を行う実務上の主体は、自然災害と同じく地方公共団体であるが、指示の系統は上記のように「国から来る」という流れで対応することになる。そのため、事務の性格も自然災害への対処は、地方公共団体が行う自治事務と位置づけられているが、武力攻撃等による災害への対処に関しては、もともと国に責任があり、その事務を国が地方公共団体に「お願いして行う事務」という意味で、法定受託事務として位置づけられている。

以上１～３に述べた災害対策基本法のスキームと国民保護法制のスキームとの基本的考え方の相違を整理すると、表１のようになる。

表１　防災と国民保護との基本的相違

自然災害		武力攻撃事態等
主として自然による事象	事象の本質	・我が国への外国からの組織的な攻撃 ・ダメージを最大化するため意図的に行われる
当該地域の災害リスク（気候、地形、地盤等による）	リスクの所在	我が国と外国その他の外部との間の外交関係に起因するリスク
・自然のハザードは、国の努力によって回避不可能 ・歴史的に見て、自然災害については各地方公共団体が防災施策を講じ、規模態様等に応じて国が相応の支援を行ってきた経緯	責任の所在	・主として国の外交の「失敗」等により生じる事態 ・我が国に対する攻撃がなされる場合、具体的にはいずれかの地方公共団体の区域に対して当該攻撃が行われることとなるが、その事態の発生に当該地方公共団体が責任を有するわけではない
・災害の規模態様等に応じ、第一義的には市町村が対応するがそれで対応できない場合に、都道府県や国が相応に対応	対応主体	・侵害排除は国の武装組織たる自衛隊のみが担いうる ・武力攻撃災害への地方公共団体の対応は、国の指示等に基づく対処が基本
・基本的に各地域で収集 ・国へ伝達	情報の収集	・事柄の性格上、基本的に国が集収・分析 ・地方へ伝達

4　災害対策基本法と国民保護法制の個別制度比較

国民保護法制と災害対策基本法を比較した場合の相違点を整理したものが表２である。以下に主なものを挙げる。

1　基本的人権の尊重・言論その他表現の自由への配慮

災害対策基本法には基本的人権の尊重や表現の自由を尊重するといった規定は存在しないが、国民保護法制には規定される予定である。これは、過去の戦争の教訓を踏まえ、武力攻撃等による災害への対処に当たっての基本理念として、基本的人権の尊重や表現の自由を尊重することを明文化したものである。なお、指定公共機関として一定の責務を負う放送機関としては災害対策基本法の下においてはＮＨＫのみであるが、国民保護法制では、ＮＨＫのみならず主要な民間の放送機関も指定される予定である。

2　内閣総理大臣の是正措置

国民保護法制においては、内閣総理大臣は、避難の指示や救援等に関する措置について、都道府県等が必要な措置を行わないときは、代わって指示を出し、又は自ら当該措置を講ずることができるとされている。災害対策基本法にはこのような内閣総理大臣の是正措置は規定されていない。これは、国民保護法制においては法定受託事務として国が責任をもって措置を講じる責務があるためである。

3　都道府県対策本部長等の権限等

国民保護法制においては、都道府県対策本部長が総合調整を行うことや、市町村長に対する必要な指示を行うことなどを詳細に規定し、都道府県の権限が強化されている。災害対策基本法の規定ぶりに比べて詳細

表２　国民の保護のための法制と災害対策基本法等との相違点

「国民の保護のための法制の要旨について」（内閣官房平成16年２月公表）ベース

	国民の保護のための法制	災害対策基本法等
目的	・武力攻撃事態等において、国、地方公共団体等の責務、国民の協力その他国民の保護のための措置に関する事項を定めることにより、武力攻撃事態対処法と相まって、国全体として万全な態勢を整備し、国民の保護のための措置を総合的に推進することを目的とする。	・国土並びに国民の生命身体財産を災害から保護するため、防災に関し、国・地方公共団体・その他の公共機関を通じて必要な体制を確立し、責任の所在を明確にするとともに、防災計画の作成、災害の予防・応急対策・復旧等の災害対策の基本を定め、総合的・計画的な防災行政の整備・推進を図り、もって社会秩序の維持と公共の福祉の確保に資すること［第１条］
責任の所在	・国は、武力攻撃事態等への対処に関する主要な役割を担い、国民保護のための措置を総合的に推進し、その組織及び機能の全力を挙げて万全の措置を講じ、国費による適切な措置を講じなければならない。	・国は、国土並びに国民の生命身体財産を災害から保護する使命を有し、組織及び機能のすべてを挙げて防災に関し万全の措置を講ずる責務を有する。［第３条］
	・地方公共団体は、国の方針に基づき、国民の保護のための措置を的確かつ迅速に実施するとともに、当該地方公共団体の地域において関係機関が実施する国民の保護のための措置を総合的に推進しなければならない。	・都道府県は、当該都道府県の地域並びに当該都道府県の住民の生命身体財産を災害から保護するため、計画を作成し、その区域内の市町村及び指定地方公共機関を助け、総合調整を行う責務を有する。［第４条］ ・市町村は、基礎的地方公共団体として、当該市町村の地域並びに当該市町村の住民の生命身体財産を災害から保護するため、計画を作成し、及び法令に基づきこれを実施する責務を有する。［第５条］
国民の協力	・国民は、協力を要請されたときは、必要な協力をするよう努める。その際、協力は自発的な意志にゆだねられ、強制に及んではならない。	・市町村長は、必要があると認めるときは、住民又は現場にある者を応急措置の業務に従事させることができる。［第65条］
	・国及び地方公共団体は、自主防災組織等の活動に対し必要な支援	・規定なし
人権の尊重等	・国、地方公共団体は、基本的人権を尊重し不当に国民の自由と権利を侵害してはならず、国民の権利利益の救済手続を迅速に処理	・規定なし
	・国、地方公共団体は、放送事業者の言論その他表現の自由に配慮	・規定なし
	・国及び地方公共団体は、国民に対し、正確な情報を適時に、かつ、適切な方法で提供しなければならない。	・災害応急対策責任者は、災害に関する情報の収集及び伝達に努めなければならない。［第51条］
	・高齢者、障害者等に特に配慮し、国際人道法の的確な実施を確保	・規定なし
計画の体系	・政府は、国民の保護に関する基本指針を作成	・中央防災会議は、防災基本計画を作成［第34条］
	・指定行政機関の長は、基本指針に基づき、国民の保護に関する計画を作成（内閣総理大臣に協議）	・指定行政機関の長は、防災基本計画に基づき、防災業務計画を作成(内閣総理大臣に報告)［第36条］
	・都道府県知事は、基本指針に基づき、国民の保護に関する計画を作成（内閣総理大臣に協議）	・都道府県防災会議は、防災基本計画に基づき、都道府県地域防災計画を作成（内閣総理大臣に協議）［第40条］
	・市町村長は、都道府県の計画に基づき、国民の保護に関する計画を作成（都道府県知事に協議）	・市町村防災会議は、防災基本計画に基づき、市町村地域防災計画を作成(都道府県知事に協議)［第42条］

	※地方国民保護計画の主な内容 （都道府県・市町村共通） ・国民の保護のための措置の総合的な推進に関する事項 ・国民の保護のための措置の内容、実施方法等に関する事項 ・国民の保護のための措置を実施するための体制に関する事項 ・関係地方公共団体・関係機関との連携に関する事項その他必要な事項 （都道府県） ・市町村及び指定地方公共機関が実施すべき措置について重点を置くべき事項その他の計画又は業務計画作成の基準となるべき事項	※地方防災計画の主な内容［第40条、第42条］ （都道府県・市町村共通） ・指定地方行政機関、当該都道府県、当該都道府県の区域内の市町村、指定公共機関、指定地方公共機関及び区域内の公共的団体その他防災上重要な施設の管理者（市町村は当該市町村及び区域内の公共的団体その他防災上重要な施設の管理者のみ）の処理すべき事務又は業務の大綱 ・防災施設の新設改良、調査研究、教育訓練その他の災害予防、情報収集及び伝達、災害予報又は警報の発令、伝達・避難・消火・水防・救難・救助・衛生その他の災害応急対策、災害復旧に関する事項別の計画 ・上記の措置に要する労務・施設・設備・物資・資金等の整備、備蓄、調達、配分、輸送、通信等に関する計画
国の体制	・基本指針案の作成、計画の協議その他国民保護法制の施策に関する企画立案及び総合調整は内閣官房において処理	・内閣府に中央防災会議を設置［第12条］
国民保護協議会又は防災会議の役割	・都道府県及び市町村に国民保護協議会を設置	・都道府県及び市町村に防災会議を設置［第14条及び第16条］
	・都道府県知事及び市町村長は、国民の保護に関する計画を作成又は変更するときは、それぞれの国民保護協議会に諮問	・都道府県防災会議及び市町村防災会議は、地域防災計画を作成し、その実施を推進［第14条及び第16条］
指定公共機関及び指定地方公共機関	・都道府県知事は、電気、ガス等公益的事業を営む法人その他公共的施設の管理者等の中から指定地方公共機関を指定	・都道府県知事は、電気、ガス等公益的事業を営む法人その他公共的施設の管理者等の中から指定地方公共機関を指定［第２条］
	・指定公共機関及び指定地方公共機関は、その業務について、必要な措置を実施する責務を有する。	・指定公共機関及び指定地方公共機関は、その業務について、都道府県又は市町村に協力する責務を有する。［第６条］
	・指定公共機関は、基本指針に基づき、国民の保護に関する業務計画を作成（内閣総理大臣に報告）	・指定公共機関は、防災基本計画に基づき、防災業務計画を作成（所管大臣を経由して内閣総理大臣に報告）［第39条］
	・指定地方公共機関は、都道府県の計画に基づき、国民の保護に関する業務計画を作成（都道府県知事に報告）	・指定地方公共機関は、防災に関する計画を作成（協議や報告についての規定なし）［第６条］
対策本部の設置	・国は、武力攻撃事態等対策本部を設置（武力攻撃事態対処法）	・国は、非常災害の場合に限り、非常災害対策本部又は緊急災害対策本部を設置［第24条及び第28条の２］
	・都道府県知事及び市町村長は、閣議決定に基づく指定を受け、それぞれ対策本部を設置	・地方公共団体の長は、必要があると認めるときに対策本部を設置［第23条］
	・都道府県知事及び市町村長は、対策本部を設置すべき旨の指定を内閣総理大臣に要請することができる。	・規定なし
	・地方公共団体は、本部の設置の有無にかかわらず、国民の保護のための措置を実施することができる。	・規定なし
国の対策本部長等の権限	・指定行政機関、地方公共団体及び指定公共機関が実施する対処措置に関する総合調整を実施（武力攻撃事態対処法）	・指定行政機関、地方公共団体、指定公共機関等が実施する災害応急対策の総合調整を実施［第26条及び第28条の４］
	・避難措置、救援、武力攻撃災害への対処等に関して、地方公共団体の長等に指示	・指定行政機関の長、地方公共団体の長、指定公共機関等に対し、必要な指示［第28条及び第28条の６］
	・内閣総理大臣は、以下に掲げる措置が講じられない場合、所要の措置を講ずべきこ	

	とを指示し、又は自ら措置を講ずることができる。 Ⅰ避難の指示、避難住民の受入れ又は避難住民の誘導に係る措置 Ⅱ運送事業者の避難住民の運送に係る措置 Ⅲ救援に関する措置	・規定なし
都道府県対策本部長の権限等	・当該都道府県、市町村、指定公共機関等が実施する措置に関する総合調整を実施	・規定なし
	・都道府県警察又は教育委員会に対し、必要な措置を講ずるよう求めることができる。	・都道府県警察又は教育委員会に対し、必要な指示［第23条］
	・市町村長に対し必要な指示	・規定なし
	・指定地方行政機関及び指定公共機関の職員を都道府県対策本部の会議に出席させるよう求めることができる。	・規定なし
	・都道府県対策本部長が求めたときは、防衛庁長官は、連絡調整を行うための職員を都道府県対策本部に出席させるものとする。	・規定なし
	・国の対策本部長に総合調整を行うことを要請することができる。	・規定なし
	・都道府県知事は、指定行政機関の長等に措置の実施を要請することができる。	・規定なし
	・市町村長は、都道府県知事等に対し、措置の実施を要請することができる。また、都道府県知事に対し、指定行政機関の長等に措置の実施を要請することを求めることができる。	・規定なし
組織の整備	・指定行政機関の長、地方公共団体の長並びに指定公共機関等は、国民保護のための措置を的確かつ円滑に実施するための組織を整備	・指定行政機関の長、地方公共団体の長並びに指定公共機関等は、地域防災計画を円滑に実施するための組織を整備［第47条］
訓練	・指定行政機関の長等は、訓練を行うよう努めなければならない。	・災害予防責任者は、防災訓練を行わなければならない。［第48条］
啓発	・政府は、国民保護のための措置の重要性を国民に対し啓発	・規定なし
警報	・対策本部長が以下の内容の警報を発令 ①武力攻撃事態等の現状及び予測②武力攻撃が迫り、又は現に発生したと認められる地域③住民等に対し周知させるべき事項	・消防法、水防法、河川法、気象業務法等の規定により、関係機関がそれぞれ警報を発令（消防法の規定による警報については、市町村長が発令）［第55条及び第56条、消防法第22条など］
	・対策本部長は警報を指定行政機関の長に通知し、総務大臣は都道府県知事に通知。都道府県知事は市町村長等に通知し、市町村長は防災行政無線等により警報の発令及び内容を住民に伝達	・都道府県知事又は市町村長は、警報の内容を関係指定地方行政機関の長、指定地方公共機関等関係機関又は住民その他関係のある公私の団体に通知［第55条及び第56条］
緊急通報	・都道府県知事は、危険を防止するため緊急の必要があるときは、緊急通報を発令	・規定なし
避難	・対策本部長が避難措置の指示 ①住民の避難が必要な地域及び避難先（避難経路となる地域を含む） ②住民の避難に関して関係機関が講ずべき措置の概要	・市町村長が、避難の勧告･指示等を実施［第60条］
	・総務大臣を経由し、対策本部長から避難措置の指示を受けた都道府県知事は、市町村長を経由し、住民に対し、避難を指示	・都道府県知事は、市町村が事務を行うことができなくなったときは、市町村長に代わって避難の勧告・指示等を実施［第60条］
	・市町村長が避難実施要領に定めるところ	

	により避難住民の誘導を実施 市町村長は①市町村職員、消防長及び消防団長を指揮②警察署長、海上保安部長等又は自衛隊の部隊等の長に避難住民の誘導を要請③警察署長等に対し、必要な情報提供を求め、必要な措置を講ずるよう要請	・規定なし
	・警察官又は海上保安官は、危険な場所への立入の禁止、退去措置、物件の除去等の措置を講ずる	・規定なし
	・都道府県知事は、市町村長が避難住民の誘導を適切に行っていないときは、市町村長に指示し又はその職員を指揮し、避難住民を誘導	・規定なし
	・都道府県の区域を越える避難について規定 ①避難元・避難先の知事は避難住民の受入れについてあらかじめ協議②総務大臣は必要があるときは関係都道府県知事に対し必要な勧告	・規定なし
	・地方公共団体の長は、運送事業者である指定公共機関等に対し、避難住民の運送を求めることができる。	・規定なし
救援又は救助	・対策本部長が、都道府県知事に救援を指示	・都道府県知事は、救助を必要とする者に対し実施（国の指示について規定なし）［災救法第２条］
	・都道府県知事は以下に掲げる救援を実施①収容施設の供与②食品の給与及び飲料水の供給③寝具その他生活必需品の供与又は貸与④医療及び助産⑤被災者の捜索及び救出⑥埋葬及び火葬⑦電話その他通信設備の提供⑧その他政令で定めるもの	・都道府県知事は、以下に掲げる救助を実施 ①収容施設の供与②食品の給与及び飲料水の供給③寝具その他生活必需品の給与又は貸与④医療及び助産⑤災害にかかつた者の救出⑥住宅の応急修理⑦生業に必要な資金、器具又は資料の給与又は貸与⑧学用品の給与⑨埋葬⑩その他政令で定めるもの　［災救法第23条］
	・都道府県知事は救援の事務の一部を市町村長が行うこととすることができる。市町村長は都道府県知事が行う救援を補助	・都道府県知事は、救助の事務の一部を市町村長が行うこととすることができる。市町村長は、都道府県知事が行う救助を補助［災救法第30条］
	・都道府県知事は、医療関係者に対して、医療を行うよう要請。正当な理由なく拒否したときは、医療の提供を指示（罰則なし）	・都道府県知事は、医療関係者、輸送関係者及び土木建築工事関係者に対して従事命令（罰則あり）［災救法第24条］
	・都道府県知事は、収容施設・医療施設を確保するため、所有者の同意を得て、土地、家屋又は物資を使用。正当な理由なく拒否したときは、同意を得ずに使用（罰則なし）	・土地、家屋及び物資を使用することができる。［災救法第26条］
	・都道府県知事は、医薬品及び食品等の保管を命じ、売り渡しを要請。正当な理由なく拒否したときは、当該物質を収用（罰則あり）	・物資の収用又は保管命令(罰則あり)［災救法第26条］
	・規定なし	・病院、旅館等を管理することができる。［災救法第26条］
	・厚生労働大臣は、他の都道府県知事に対して応援を指示	・厚生労働大臣は、他の都道府県知事に対して応援を指示［第31条］
安否情報	・地方公共団体の長は、安否情報の収集、整理に努め、逐次総務大臣に報告	・規定なし

	・総務大臣及び地方公共団体の長は、安否の照会に応じ情報を提供	・規定なし
	・日本赤十字社は外国人に関する安否情報の収集、整理に努め、安否情報の照会に応じ情報を提供	・規定なし
武力攻撃災害又は災害への対処	・国は、武力攻撃災害の防除又は拡大防止のため、自ら必要な措置を講ずるとともに、武力攻撃災害への対処に関する措置を総合的に推進	・規定なし
	・内閣総理大臣は、関係大臣を指揮し、生活関連施設等の周辺の安全の確保のため必要な措置を講じさせることができる。	・規定なし
	・原子炉等による被害の防止について、指定行政機関の長による、事業者等に対する施設等の使用停止命令等（武力攻撃予測事態においても使用停止命令）（罰則あり）	・原子炉等規制法における措置（地震、火災その他の災害が起こった場合にのみ使用停止命令）や消防法等における措置（罰則あり）
	・危険物質等による危険の防止について、指定行政機関の長又は地方公共団体の長による、危険物質等の取扱所の使用停止命令等の規定を創設	・放射性障害防止法、化学兵器禁止法、毒物及び劇物取締法、消防法等において所要の措置を規定
	・放射性物質等による汚染への対処について、内閣総理大臣による汚染の拡大防止、避難、救援等必要な措置に関する規定を創設	・規定なし
応急措置	・市町村長は、武力攻撃災害が発生し、又は発生しようとしているときは、応急措置等（災害を拡大させるおそれがある設備等の除去等、退避の指示、土地、建物その他の工作物の一時使用、土石その他の物件の使用若しくは収用、支障となる工作物等の除去その他必要な措置、住民に対する協力要請）を実施	・市町村長は、設備の除去等を指示［第59条］ 避難の勧告・指示等を実施［第60条］ 工作物の一時使用、物件の使用又は収用、工作物等の除去等を実施［第64条］ 住民、現場にある者に対し応急措置の業務へ従事させることができる［第65条］
	・市町村長（市町村長による措置を待ついとまがないときは、都道府県知事）は、警戒区域を設定、当該区域の立入制限及び退去命令	・市町村長（市町村が全部又は大部分の事務を行えなくなった場合は、都道府県知事）は警戒区域を設定［第63条］［第73条］
消防	・消防は、武力攻撃事態等において、武力攻撃に伴う火災から国民の生命身体財産を保護し、武力攻撃災害を防除、軽減	・消防は、火災から国民の生命身体財産を保護し、水火災又は地震等の災害を防除、軽減［消防組織法第１条］
	・都道府県知事は市町村長に対し、消防庁長官は都道府県知事（人命の救助等のため特に緊急を要するときは市町村長）に対し、消防に関する措置の指示	・都道府県知事は、市町村長に対し、災害防御に関する措置の指示［消防組織法第24条の２］消防庁長官の指示については、規定なし
	・消防庁長官は都道府県知事（人命の救助等のために特に緊急を要するときは市町村長）に対し、消防応援等の指示。都道府県知事は、消防庁長官の指示に応じ、市町村長に対し、消防応援等の指示	・消防庁長官及び都道府県知事は、消防の応援等について求め（大規模災害又は特殊災害の場合に限り指示)［消防組織法第24条の３］
保健衛生等	・感染症予防法、墓地・埋葬法及び廃棄物処理法の特例措置	・規定なし
	・文化庁長官は、管理者等に対し、文化財の保護のための措置命令	・規定なし
被災情報収集	・指定行政機関の長等は、被災情報を収集し、対策本部長に報告	・指定行政機関の長等は、災害に関する情報の収集及び伝達［第51条］
	・対策本部長は被災情報を国民に公表し、内閣総理大臣は対策本部長から被災情報の	・規定なし

	報告を受け、国会に報告	
国民生活の安定	・指定行政機関の長等は、生活関連物資の価格安定、債務の支払いの延期及び権利の保存、特別な金融措置、通貨及び金融の調節	・特別な金融［第104条］を除き規定なし
生活基盤の確保	・電気、ガス、水道の安定的供給及び旅客、貨物、通信、郵便等の確保並びに道路河川空港等の管理	・規定なし
復旧	・指定行政機関の長等は、武力攻撃災害の復旧を実施し、費用については別に法律で定めるところにより国費による措置を講じる	・指定行政機関の長等は災害復旧を実施［第87条］費用については、国が補助負担する事業費を適正かつ迅速に決定［第88条］
備蓄	・指定行政機関の長等は、必要な物資及び資材を備蓄	・指定行政機関の長等は、必要な物資及び資材を備蓄［第49条］
職員の派遣	・地方公共団体の長は、指定行政機関の長等に対し、職員の派遣を要請	・地方公共団体の長は、指定行政機関の長等に職員の派遣を要請［第29条］
	・地方公共機関の長は、総務大臣又は都道府県知事に対し職員の派遣のあっせんを求めることができる	・地方公共団体の長は、総理大臣又は都道府県知事に対し職員の派遣のあっせんを求めることができる［第30条］
財政上の措置等	・国及び地方公共団体は、権限の行使に当たり通常生ずべき損失を補償	・国又は地方公共団体は、処分により通常生ずべき損失を補償［第82条］
	・国は、総合調整又は是正の指示に基づく措置の実施に当たって生じた地方公共団体等の損失を補てん	・規定なし
	・国及び地方公共団体は、協力をした者が死亡、負傷等したときは、損害を補償	・地方公共団体は、応急措置の業務に従事した者が死亡、負傷等したときは、損害を補償［第84条］
	・地方公共団体が支弁した費用のうち、以下のものについては国が負担（地方公共団体の職員の人件費、管理及び行政事務執行費等を除く） ①住民の避難に関する措置②避難住民等の救援に関する措置③武力攻撃災害への対処に関する措置④地方公共団体が行う損失補償、損失補てん若しくは実費弁償又は損害補償（地方公共団体に故意重過失がある場合を除く）	・災害応急対策に要する費用は、国がその全部又は一部を負担し、又は補助することができる。［第94条］
大都市の特例	・救援（安否情報の収集及び提供を除く）及び避難施設の指定に関する事務は、指定都市においては、指定都市が処理	・規定なし
事務の性質	・地方公共団体が処理することとされている事務は、原則として第一号法定受託事務	・地方公共団体の自治事務として対処
罰則	①原子炉等による被害を防止するための措置命令に従わなかった者	・原子炉等による被害を防止するための措置命令に従わなかった者［原子炉等規制法第79条］
	②危険物質等による危険を防止するための措置命令に従わなかった者	・危険物質等による危険を防止するための措置命令に従わなかった者［消防法第42条等］
	③物資の保管命令に従わなかった者	・保管命令に従わなかった者［第113条］
	④赤十字の標章等をみだりに使用した者	・赤十字の標章等をみだりに使用した者［赤十字標章等使用制限法第４条］
	⑤通行の禁止又は制限に従わなかった車両の運転者	・車両の通行の禁止又は制限に従わなかった運転者［第114条］
	⑥原子力災害について通報をしなかった原子力防災管理者	・原子力災害について通報をしなかった原子力防災管理者［原子力災害対策特措法第41条］
	⑦放射性物質等による汚染の拡大を防止す	・感染症予防法のスキームを使用。感染症

	るための措置命令に従わなかった者	の発生を予防し、又はそのまん延を防止するための措置命令に従わなかった者［第69条］
	⑧土地若しくは家屋の使用又は物資の収用に関し、立入検査を拒み、妨げ、又は忌避した者	・土地若しくは家屋の使用又は物資の収用に関し、立入検査を拒み、妨げ、又は忌避した者［第115条］
	⑨物資の保管に関し、必要な報告をせず、又は虚偽の報告をした者	・物資の保管に関し、必要な報告をせず、又は虚偽の報告をした者［第115条］
	⑩警戒区域又は立入制限区域への立入の制限若しくは禁止又は退去命令に従わなかった者	・警戒区域又は立入制限区域への立入の制限若しくは禁止又は退去命令に従わなかった者［第116条］

※武力攻撃事態等に準ずる大規模テロ等が発生した事態においても、国民の保護のための措置に準じて必要な措置を講ずることを検討する。

に規定されているのは、それだけ都道府県が全体を掌握して必要な措置を講じることで、個々の市町村が国民の保護のための措置を円滑に講じることができるようにするためである。

4　避難に関する措置

避難に関する措置について、国民保護法制においては、災害対策基本法と比べてかなり詳細に規定を置いている。これは、武力攻撃災害による避難に関しては、自然災害に起因する避難よりも大規模で広範囲かつ長期にわたることが想定されるためである。

5　安否情報の収集及び報告

国民保護法制においては、災害対策基本法には規定されていない、安否情報の収集及び報告についての規定を設けている。これは、ジュネーヴ諸条約第一追加議定書の中に、敵対紛争当事国の行方不明者の捜索及び情報の提供が義務とされていることから、その条約上の義務の履行を担保するために国民保護法制に規定されることになったものである。当初は、外国人についての安否情報の収集及び提供についての議論から開始されたが、当然日本国民についての安否情報も収集及び報告すべきであるとの議論を踏まえ、日本人及び外国人の双方についての安否情報の収集及び報告を規定することとなった。

第２節　国民保護法制における国、地方公共団体の事務

本節では、国民保護法制において国、都道府県、市町村、その他の関係機関、一般の人々等がどのような場面において、どのような役割を担うことになるのかについて、平時における事務と武力攻撃事態等における事務とに分け、国、地方公共団体の事務を中心に説明することとする。

1　平時における国、地方公共団体の事務

武力攻撃事態等に直面したときに、国民の保護のための措置を的確かつ迅速に実施するためには、平時からの備えが重要であることは言うまでもない。以下、国民の保護のための計画及び武力攻撃事態等に備えた体制の整備の二つに分けて説明する。

[1]　国民保護に関する計画

国民保護法制においては、武力攻撃事態等に備えてあらかじめ国、地方公共団体、指定公共機関が計画を作成することとされている。

武力攻撃事態等において国として統一的な行動をとるためには、計画の作成において、国→都道府県→市町村というタテの整合性を担保する必要があるとともに、近隣都道府県同士、近隣市町村同士のヨコの整合性も担保する必要がある。

(1)　タテの整合性

タテの整合性の担保としては、国が作成する計画（基本指針：国があらかじめ作成する指針で、内閣総理大臣が案の作成を行い、閣議により決定され、国会に報告されるもの。武力攻撃事態等に備えて、国民の保

護のための措置の実施に関する基本的な事項が定められることになる。）に基づき都道府県が計画を作成し、その都道府県の計画に基づき市町村が計画を作成することとし、また、都道府県が計画を作成する際には内閣総理大臣に、市町村が計画を作成する際には都道府県に協議をすることとしている。

⑵ ヨコの整合性

ヨコの整合性の担保としては、都道府県又は市町村の計画の作成に当たり、関係する他の都道府県知事（市町村の計画にあっては市町村長）の意見を聴くこととされ、内閣総理大臣（市町村の計画にあっては都道府県知事）に協議をする際に他の都道府県又は市町村の計画との整合性の確保が図られることになる。なお、内閣総理大臣との協議に当たっては、地方公共団体との連絡調整を行うこととなる総務省消防庁が事前の調整をすることとなる。

⑶ 国民保護協議会

都道府県及び市町村の国民保護計画の作成主体は都道府県知事及び市町村長であるが、計画の内容については、専門的知見を有する者が検討を行う必要があり、また、幅広く関係する者から意見を聴取する必要がある。そのため、国民保護法制においては、すべての都道府県及び市町村が、諮問機関として国民保護協議会を設置し、計画の作成又は変更に当たっては、地方公共団体の長は国民保護協議会に諮問をしなければならないこととされている。国民保護協議会にふさわしいメンバーを揃える必要が出てくるため、地方自治体は人材の養成や発掘をする必要がある。国民保護法制が成立・施行される前の段階から地方公共団体には人材発掘という事務が発生することになるのである。

2 武力攻撃事態等に備えた体制の整備

地方公共団体においては、計画の作成のほか、具体的な避難方法の検討、住民への普及啓発、訓練の実施、必要な資機材の整備など様々な事務が生じることになる。

都道府県においては、市町村の国民保護計画の協議を行い、指定地方公共機関が作成する国民保護業務計画の報告を受け、助言を行うこととなる。例えば、指定地方公共機関となった放送局やガス会社などが作成する計画について、都道府県が作成する国民保護計画との整合性を確保するため、適切な助言を行う必要があり、それが適切に執行できる組織体制を整備する必要がある。

市町村においても、避難住民の誘導を適切に行う責任を果たすために、避難マニュアルの作成や地域の情報収集などのため、必要な組織体制を整備する必要がある。

都道府県、市町村に共通して必要であるのは、教育・訓練及び必要な資機材の整備である。国民保護法制においては、住民をいかにして安全な場所に迅速・確実に避難させるかが重要になる。その根幹は、国が発する警報及び避難措置の指示を確実に伝えることである。ソフト面では、平時より必要な啓発・教育を行い、訓練をすることが重要となるとともに、ハード面では、防災行政無線のデジタル化の促進、住民避難用の資機材の整備などが重要となる。

なお、上記に例示される様々な事務の遂行に必要な人員として、平成16年度普通交付税では、標準団体において、都道府県においては４人、市町村においては１人分を人件費分として措置することとしている。各団体においては、規模や立地条件などそれぞれの特性に応じた体制整備が求められる。

3　迅速な体制整備の必要性

近年の国際情勢の切迫性から考えると、我が国における武力攻撃事態等や大規模テロ等の緊急対処事態（後述p.106）の発生の可能性は否定できない。そのため、国民保護法制の成立に併せて、可能な限り速やかに国、地方公共団体の体制整備を図る必要がある。

国民保護計画の作成については、国の基本指針をできるだけ速やかに示す必要があるとともに、都道府県の計画も速やかに作成する必要がある。なぜなら、市町村及び指定地方公共機関の計画は、都道府県計画に基づき作成されるからである。

自然災害に対処するための災害対策基本法に基づく地域防災計画は、ほぼ全市町村が作成を完了するまでに約10年かかっている（災害対策基本法は1961年（昭和36年）11月15日に公布され、1962年（昭和37年）7月1日に施行されたが、1969年（昭和44年）5月1日時点では89.5%の市町村が、1971年（昭和46年）5月1日時点では96.2%の市町村が地域防災計画を策定済みというのが実態である。）。しかし、国民保護計画の作成に関しては、地域防災計画以上に、国全体としての統一的行動の担保、他の地方公共団体等との広域連携の確保が必要となり、早急に全団体が作成をする必要があり、国において早期の作成について助言をしていくことが求められる。また、それ故に市町村に対する助言を行う都道府県の責任も大きい。

2　武力攻撃事態等における国、地方公共団体の事務

1　武力攻撃事態等の認定と国・地方公共団体の対策本部の設置

(1)　国の対策本部

武力攻撃事態等に至ったときは、政府は武力攻撃事態等への対処基本方針を定める必要がある。その手続としては、内閣総理大臣が対処基本方針の案を作成の上、閣議決定による決定後、国会の承認を求めることになる（武力攻撃事態対処法第9条）。

そして、対処基本方針が定められたときは、内閣総理大臣は閣議にかけて、臨時に国の武力攻撃事態等対策本部（以下「対策本部」という。）

を設置することになる（武力攻撃事態対処法第10条）。

⑵　地方公共団体の対策本部

地方公共団体の国民保護対策本部に関しては、国民保護法制の規定に則り設置されることになり、その手続は以下のとおりである。

まずは、内閣総理大臣が武力攻撃事態対処法第９条に基づき対処基本方針の案を作成し、閣議の決定を求めると同時に、都道府県及び市町村国民保護対策本部を設置すべき都道府県及び市町村の指定について閣議の決定を求めることになる。

国民保護対策本部の設置の指定を受けた都道府県及び市町村は、国民保護計画に基づき国民保護対策本部を設置しなければならない。

なお、都道府県及び市町村の側から、対策本部を設置すべき指定を行うよう内閣総理大臣に対し要請を行うこともできる。

２　都道府県及び市町村国民保護対策本部

⑴　国民保護対策本部の構成員

都道府県国民保護対策本部長又は市町村国民保護対策本部長はそれぞれ都道府県知事又は市町村長が充てられる。

国民保護対策本部の構成員は、責任の明確化の観点から、当該都道府県又は市町村の職員に限定され、都道府県においては、副知事・教育長・警視総監又は道府県警本部長などが、また、市町村においては、助役・教育長・消防長などが構成員になる。

⑵　国民保護対策本部長の権限

都道府県国民保護対策本部長は、当該都道府県の機関及び関係市町村並びに関係指定公共機関及び指定地方公共機関に対して総合調整権を有し（市町村国民保護対策本部長は、当該市町村の区域に係る国民の保護のための措置に対して総合調整権を有する。）、当該都道府県警察及び教育委員会（市町村国民保護対策本部長は、当該市町村の教育委員会）に対し、必要な措置を講ずるよう求めることができる。

また、都道府県国民保護対策本部長は、国の機関に対する総合調整権はないものの、国の対策本部長に対して、総合調整を行うよう要請し、必要な情報の提供を求めることができる。

こうして、国民保護法制においては、国民保護対策本部長（知事又は市町村長）が中心となって関係各機関を総合調整することで統一的な行動を確保するという構造になっているのである。

なお、指定公共機関は、独立行政法人、日本銀行、日本赤十字社、日本放送協会その他の公共的機関及び電気、ガス、輸送、通信その他の公益的事業を営む法人の中から政令で指定されるものをいい（武力攻撃事態対処法第２条）、また、指定地方公共機関は、都道府県の区域において電気、ガス、輸送、通信、医療その他の公益的事業を営む法人、公共的施設を管理する法人及び地方独立行政法人で、あらかじめ当該法人の意見を聴いて当該都道府県知事が指定するものをいう。

3　武力攻撃事態等の認定と警報の発令・伝達

(1)　警報の発令

武力攻撃事態等に至った場合、国の対策本部長は基本指針及び対処基本方針（武力攻撃事態対処法に基づき閣議決定される。）に基づき警報を発令することになる。都道府県知事には総務大臣を経由して警報が伝えられると同時に、指定公共機関である放送事業者も警報を放送しなければならない。

警報には、次に定める事項が示されることになる。

- 武力攻撃事態等の現状及び予測
- 武力攻撃が迫り、又は現に武力攻撃が発生したと認められる地域
- その他住民及び公私の団体に周知させるべき事項

⑵　都道府県・市町村による伝達

都道府県知事により警報が市町村長に通知された場合、市町村長は防災行政無線等を用いて住民一人ひとりに警報を伝達しなければならない。これは、警報を知らされていなかったため、避難が間に合わずに住民が被害を被るという事態を避けるためである。また、仮にその地域が武力攻撃のおそれがある地域であれば、住民全員の避難が完了していなければ、自衛隊がその地域に潜伏している敵に対して十分な攻撃を行えない可能性もある。そのため、警報の伝達は国民の保護のための根幹に関わる仕事である。それ故に、平時から伝達方法を検討するとともに伝達のために必要な資機材等の整備を十分に用意しておくべきであり、国もその支援を行う必要がある。

⑶　その他の機関による伝達

指定行政機関及び指定地方行政機関は、その関係する学校、病院、駅その他の多数の者が利用する施設を管理する者に警報を伝達するよう努めなければならない。また、外務大臣は外国に滞在する邦人に、国土交通大臣及び海上保安庁長官は航空機内及び船舶内に在る者に警報を伝達するよう努めなければならない。なお、指定行政機関とは、各府省庁や国家公安委員会などの国の行政機関を指し、指定地方行政機関とは、指定行政機関の地方支分部局などで、管区警察局、総合通信局、経済産業局、地方整備局などを指す（武力攻撃事態対処法第２条）。

4　住民の避難誘導

国民の保護のための措置の根幹をなす「住民の避難誘導」は国→都道府県→市町村という流れが明確である。関係機関がどのような措置を講ずることになるのかについて、以下に解説を加える。

⑴　国の「避難措置の指示」

国の対策本部長は、警報を発令した場合において、基本指針で定めるところにより、関係都道府県知事に対し、住民の避難に関する措置を講ずべきことを指示（以下「避難措置の指示」という。）する。

避難措置の指示には、次の事項が示されることになる。

・住民の避難が必要な地域（要避難地域）

・住民の避難先となる地域（住民の避難経路となる地域を含む。避難先地域）

・住民の避難に関して関係機関が講ずべき措置の概要

避難措置の指示は、総務大臣を経由して関係都道府県知事に伝達されることになる。

(2) 都道府県の「避難の指示」

要避難地域を管轄する都道府県知事は、避難措置の指示を受けたときは、要避難地域を管轄する市町村長を経由して、住民に対し避難すべき旨を指示（以下「避難の指示」という。）しなければならない。

避難の指示には、国が発する避難措置の指示の内容に加えて、主要な避難の経路や避難のための交通手段その他避難の方法が示される。また、放送事業者である指定公共機関又は指定地方公共機関は、警報の放送と同じく、速やかに避難の指示も放送しなければならない。

避難先地域となる市町村長は、都道府県知事から避難の指示を通知されたときは、正当な理由がない限り、避難住民の受入れを拒んではならないこととされている。正当な理由がない場合としては、既に避難施設等が避難住民で溢れかえっており、これ以上受け入れることが不可能である場合や、救援のための物資が極端に不足しており受入れ態勢が全く整っていない場合などが想定される。

(3) 市町村の「避難実施要領」に基づく「避難住民の誘導」

市町村長は、都道府県から避難の指示があったときは、関係機関の意見を聴いて直ちに避難実施要領を定め、避難住民の誘導を行わなければならない。

避難実施要領には、次の事項が示されることになる。

・避難の経路、避難の手段その他避難の方法に関する事項
・避難住民の誘導の実施方法、避難住民の誘導に係る関係職員の配置その他避難住民の誘導に関する事項
・その他避難の実施に関し必要な事項

市町村長は、避難実施要領に定めるところにより、市町村の職員並びに消防長及び消防団長を指揮して、避難住民の誘導を行う。また、市町村長は、必要があると認めるときは、警察官、海上保安官、自衛官による避難住民の誘導を行うよう要請することができる。この場合において警察官等が避難住民を誘導する際は、警察署長等は市町村長と十分協議し、避難住民の誘導が円滑に行われるように必要な措置を講じることになる。この場合、消防機関に加え、自主防災組織などの防災上培ってきた仕組みやネットワークが極めて重要な意義を有するものと考えられる。

都道府県は、市町村長が避難住民の誘導を行わない場合は、避難住民の誘導を行うべき旨を指示し、それでも市町村長が避難住民の誘導を行わないときは、都道府県の職員を指揮し、避難住民の誘導を行うことができる。

(4)　その他の機関の「避難住民の誘導」

市町村や警察等だけですべての避難住民を誘導することは困難であることは容易に想像できる。そのため、その他の機関にも協力等を求めることができることとされている。

まず、病院、老人福祉施設、保育所その他自ら避難することが困難な者が入院・滞在する施設の管理者は、入院・滞在者の避難が円滑に行われるよう必要な措置を講じなければならないとされる。

また、避難住民の誘導に当たっては、避難住民その他の一般人に対して、必要な協力を求めることができる。消防団や自主防災組織、更には

婦人防火クラブやボランティア等に対しても必要な協力を求める局面が想定される。

さらに、運送事業者である指定公共機関又は指定地方公共機関に対し、地方公共団体の長は、避難住民の運送を求めることができるとされ、当該求めがあったときは、正当な理由がない限り運送事業者はその求めに応じなければならない。なお、その運送に当たっては、当該運送事業者との契約により行われることになる。

(5) 都道府県の区域を越える住民の避難

武力攻撃事態等においては、自然災害と異なり大規模な住民の避難が必要となる場合も想定される。そのため、国民保護法制においては必要な規定が設けられている。

都道府県の区域を越える避難の場合は、あらかじめ関係都道府県知事が避難住民の受入れについて協議することとされ、相互に緊密に連絡し、協力しなければならないとされている。

総務大臣は、都道府県の区域を越える住民の避難を円滑に行うため必要があると認めるときは、関係都道府県知事に対し必要な勧告をすることができる旨規定されており、都道府県間の調整が難航した場合に必要な調整が行われるスキームが用意されている。

(6) 避難住民を誘導する者による警告、指示等

避難住民の誘導に当たっては、円滑な誘導を実施するために、避難住民を誘導する者による警告、指示等の実効性を確保するための措置が規定されている。

避難に伴う混雑等において危険な事態が発生するおそれがあると認めるときは、避難住民を誘導する者（市町村職員、消防吏員、警察官等）は、危険な事態の発生を防止するため、危険を生じさせ、又は危害を受けるおそれのある者に対し、警告や指示をすることができる。そのような者としては、流言飛語等によりいたずらに恐怖をあおり、円滑な避難

誘導を妨害する者や、避難の指示に従わずに、避難経路に居座り、他の住民の避難誘導を妨害する者などが想定される。

また、警察官又は海上保安官（警察官又は海上保安官がその場にいない場合は消防吏員又は自衛官）は、特に必要があると認めるときは、危険な場所への立入禁止や、その場所からの退去措置、車両その他の物件の除去などの措置を講ずることができる。

(7)　内閣総理大臣の是正の措置

関係機関が国民保護法制のスキームに従い円滑に避難住民の誘導を行うことは大前提だが、万一関係機関が指示等に従わなかった場合の内閣総理大臣の是正措置が規定されている。

避難住民の誘導においては、三つの場面で内閣総理大臣の指示が登場する。それは、「避難の指示」「都道府県の区域を越える避難住民の受入れのための措置」「避難住民の運送」である。

都道府県知事が「避難の指示」又は「都道府県の区域を越える避難住民の受入れのための措置」を行わない場合は、国の対策本部長が総合調整を行うことになる。そして当該総合調整によっても必要な措置が講じられない場合は、内閣総理大臣が都道府県知事に対し指示を出すことができるものとされる。そして、当該指示を行ってもなお必要な措置が講じられないときは、内閣総理大臣自ら「避難の指示」又は「都道府県の区域を越える避難住民の受入れのための措置」を講じることができることになる。

また、総合調整によっても関係指定公共機関による避難住民の運送が行われないときは、内閣総理大臣は、安全が確保されていると認められる場合に限り避難住民の運送を行うべき旨を指示することができる（都道府県知事は、指定地方公共機関に対し、避難住民の運送を行うべきことを指示することができる。）。

以上の(1)～(7)のスキームにより、国の避難措置の指示→都道府県の避難の指示→市町村の避難実施要領による避難住民の誘導という流れに沿って、円滑な避難が行われることが想定されている。

さらに、警察官、海上保安官、自衛官による誘導や、病院等管理者・運送事業者である指定公共機関及び指定地方公共機関の責務、避難住民等による協力など、それぞれの立場にある者に応じた役割分担を与えることで、国として一体的な行動を図ることとされている。

因に、警察官等の立入制限や退去措置、内閣総理大臣の是正の措置等の強制権限も規定されているが、これらはもとより国民の権利の制限を目的としたものではなく、極限状況の中で、より多くの国民の生命身体財産を守ることを目的としていることは、改めて解説する必要もないだろう。

5 避難住民等の救援

避難住民の誘導が行われた場合や武力攻撃による被災者が発生した場合、当然避難先・被災地において避難住民・被災者に対し、衣食住や医療の提供などを行う必要が出てくる。それらを国民保護法では「救援」と呼んでいる。以下、救援の内容について解説する。

(1) 救援の実施

救援の実施に当たっては、都道府県が主たる役割を果たすことになる。救援の実施に至るまでの流れは次のとおりである。

国の対策本部長は、避難措置の指示をしたとき又は武力攻撃災害による被災者が発生した場合において、救援が必要な地域を管轄する都道府県知事に対し、救援に関する措置を講ずるべきことを指示する。

都道府県知事は、当該指示を受けた場合は救援を行わなければならない。また、事態に照らし、緊急を要し、救援の指示を待ついとまがないと認められるときは、都道府県知事は国の対策本部長の指示を待たないで救援を行うことができることになっている。

(2) 救援の内容

救援の内容としては、下記のようなものが考えられる。

・応急仮設住宅を含む収容施設の供与

・炊き出しその他による食品の給与及び飲料水の供給

・被服、寝具その他生活必需品の給与又は貸与

・医療の提供及び助産

・被災者の捜索及び救出

・埋葬及び火葬

・電話その他の通信設備の提供

そして、これらの措置は、金銭を支給して行うこともできるとされている。

(3) 市町村との関係

救援の実施主体は前述のとおり都道府県であるが、市町村も都道府県が行う救援を補助するものとされる。また、政令指定都市についての特例が国民保護法には規定されており、当該区域の救援の事務は都道府県の事務ではなく政令指定都市の事務となっている。

また、救援を迅速に行うため必要があると認めるときは、都道府県知事は救援の事務の一部を市町村長が行うこととすることができる。

(4) その他の機関の果たす役割

日本赤十字社、電気通信事業者、運送事業者、避難住民や近隣の者のそれぞれが、救援において果たす役割を解説する。

日本赤十字社は、その国民の保護に関する業務計画で定めるところにより、都道府県知事が行う救援に協力しなければならない。また、政府は、地方公共団体以外の団体又は個人がする救援への協力の連絡調整を行わせることができるほか、都道府県知事は、救援又はその応援の実施に関して必要な事項を日本赤十字社に委託することができる。

電気通信事業者である指定公共機関及び指定地方公共機関は、避難施

設における電話その他の通信設備の臨時の設置について、必要な協力をするよう努めなければならない。

運送事業者である指定公共機関及び指定地方公共機関は、救援に必要な物資及び資材などの緊急物資の運送を求められたときは、正当な理由がない限り、その求めに応じなければならない。当該運送は、避難住民の運送と同様、契約により行われることになる。

都道府県知事は、安全の確保に十分配慮した上で、避難住民やその近隣の者に対し、救援に当たっての援助について必要な協力を求めることができる。

(5) 物資の売渡し要請・土地の使用・医療の実施の要請等

国民保護法制においては、災害対策基本法及び災害救助法に規定される物資の売渡し、土地の使用、医療の実施などの規定も設けられている。しかし、国民保護法制においては、これらの規定はすべて、まず要請を行うこととされ、正当な理由がないのに当該要請に応じない場合にはじめて、物資の売渡し等を行わせることができることになっている（p.72表２参照）。

災害対策基本法及び災害救助法では要請を行わなくても、売渡し等を行わせることができることとされているのに対し、国民保護法制においては要請が前置になっている。これは、国民を保護することを第一義目的に置きつつも、国民保護法制に敢えて基本的人権の尊重の規定を置き、国民の権利制限を行う場合は、武力攻撃による災害を局限化するために必要最小限度のもののみに止めるものであるという立場の端的な表現である。

(6) 各種の特例措置

救援を迅速に行うため、現行各法の規制をそのまま適用させることが不適当と考えられるものについて、現行法の各種特例が設けられている。その代表的なものを以下に列挙する。

① 避難住民等の収容施設又は臨時の医療を行うための施設に関して、消防法や建築基準法その他各種建築物関係の規制については適用除外や手続の特例などが定められている。

② 臨時の医療を行うための施設に関して、医療法など医療関係諸法の特例が定められている。

③ 外国医療関係者による医療の提供の許可に関して、医師法などの適用関係について整理を行っている。

④ 外国医薬品等の輸入の許可に関して、薬事法等の特例が定められている。

⑤ 海外からの支援の受入れについて、現行法の規定では緊急かつ円滑に支援を受け入れることができない場合であって、国会が閉会中又は臨時会の招集等を待ついとまがないときは、内閣は、当該支援の受入れについて、必要な措置を講ずるための政令を制定することができる。

6 安否情報の収集及び提供

国民保護法制においては、武力攻撃事態等における国民の不安を解消し、社会生活の安定を図るため、国民の安否に関する情報を収集し、提供する旨の規定を特に置いている。この規定は、ジュネーヴ諸条約第一追加議定書の中に規定される、敵対紛争当事国の行方不明者の捜索及び情報の提供義務の履行を担保するために、当初は後述する(3)の外国人についての規定のあり方の検討から議論が始まり、その後日本国民についての規定も当然設けるべきであるとの議論を踏まえ、現在の規定ぶりになったものである。

(1) 安否情報の収集

市町村長は、避難住民及び武力攻撃により被害を受けた住民の安否に関する情報（以下「安否情報」という。）を収集し、及び整理するよう努め、都道府県知事に対し安否情報を報告しなければならない。

都道府県知事は、市町村長により報告を受けた安否情報を整理するとともに、自ら安否情報を収集、整理するよう努め、総務大臣に対し報告をしなければならない。

安否情報としては、氏名、生年月日、性別、国籍、居所、健康状態等が考えられる。

(2) 総務大臣及び地方公共団体による安否情報の収集

総務大臣及び地方公共団体の長は、安否情報について照会があった場合は、個人情報の保護に十分留意の上、速やかに回答しなければならない。

現在の日本において、瞬時に日本全国で被災者の情報を共有し、提供できるようなシステムは存在しておらず、今後どのような方法、システムにより国民に対して必要な安否情報を適切に提供できるのかを十分検討していかなければならない。

(3) 外国人に関する安否情報

総務大臣及び地方公共団体が保有する安否情報のうち、外国人に関する安否情報については、日本赤十字社が収集及び整理をするよう努めることになり、総務大臣及び地方公共団体も、日本赤十字社に協力をしなければならない。

7 地方公共団体の独自の判断に基づく措置

国民保護法制は、国からの指示を起点としてそれぞれの措置が講じられるというスキームをとっているが、場合によっては国からの指示を待つ前に地方公共団体の独自の判断で措置を講じる必要がある。

(1) 緊急通報

都道府県知事は、武力攻撃による災害が発生し、又はまさに発生しようとしている場合において、緊急の必要があると認めるときは、緊急通報を発令しなければならない。これは、国の対策本部が発令する警報と同趣旨のもので、都道府県知事独自の判断で発することができるものである。

緊急通報の内容は、

・武力攻撃による災害の現状及び予測

・その他住民及び公私の団体に対し周知させるべき事項

である。国の警報と異なる点は、武力攻撃による「災害」に注目している点であり、災害が発生した場合若しくは蓋然性が高い場合のみに緊急通報を発令することが許される。これは、武力攻撃予測事態のような場面において都道府県知事が緊急通報を発することができるとすると、各都道府県がバラバラに競って緊急通報を発令しかねず、無用の混乱を引き起こすおそれがあるからである。

なお、緊急通報は国の対策本部長が発令する警報と同じく、市町村長が防災行政無線等を用いて住民へ伝達が行われ、放送事業者である指定公共機関及び指定地方公共機関も放送の義務を負うことになる。

⑵　退避の指示

市町村長は、武力攻撃による災害が発生し、又はまさに発生しようとしている場合において、特に必要があると認めるときは、退避の指示をすることができる。これは、住民を武力攻撃に伴う災害から避難させるという点においては、国の対策本部長が発令する避難措置の指示を起点とする「避難」と同趣旨のものであるが、次のような違いがある。

退避の指示は、「避難」と異なり市町村長独自の判断で発することができるものである。また、一時的な要素が強く、緊急事態においてさしあたり危険を回避する、という趣旨が強い。そのため、「避難の指示」の有無は要件になっておらず、避難の指示等がある場合でもない場合でも、特に必要がある場合には緊急避難的に市町村長が退避の指示を発することが可能である。さらに、「避難」の場合は、都道府県の区域を越える広域的な避難も想定されるのに対し、「退避」の場合は、当該市町村の区域内など比較的狭い地域の中での退避が想定されている。

なお、都道府県知事も緊急の必要があると認めるときは退避の指示ができる。また、市町村長若しくは都道府県知事の退避の指示を待ついとまがないときに限り、警察官又は海上保安官が退避の指示を行うことができる。さらに、これらの者が退避の指示を行うことができない場合に限り、自衛官も退避の指示をすることができる。

(3) 事前措置、応急公用負担、警戒区域の設定等

国民保護法制においても、災害対策基本法に規定される事前措置、応急公用負担、警戒区域の設定等が規定されている。これらの措置は、基本的に災害対策基本法と異なることはないが、以下、簡単に解説する（p.72表２参照）。

① 事前措置等……市町村長（緊急の必要があると認めるときは都道府県知事、要請があったときは警察署長や海上保安部長等）は、武力攻撃による災害が発生するおそれがあるときは、災害を拡大させるおそれのある設備又は物件の除去等を所有者等に指示することができる。

② 応急公用負担等……市町村長（緊急の必要があると認めるときは都道府県知事、市町村長・都道府県知事がいないときや要請があったときは警察署長や海上保安部長等）は、武力攻撃による災害が発生し、又は、まさに発生しようとしているときであって、緊急の必要があると認めるときは、他人の土地、建物等を一時使用し、物件等を使用、収用することができる。また、支障となる工作物等の除去その他必要な措置を講ずることができる。

③ 警戒区域の設定……市町村長（緊急の必要があると認めるときは都道府県知事、市町村長・都道府県知事の措置を待ついとまがないとき、又は、要請があったときは、警察官又は海上保安官。これら

の者がいないときに限り自衛官）は、武力攻撃による災害が発生し、又は、まさに発生しようとしているときであって、特に必要があると認めるときは、警戒区域を設定し、立入の制限若しくは禁止、当該警戒区域からの退去を命ずることができる。

8　重要施設の安全確保やNBC攻撃等への対処

国民保護法制では、攻撃目標とされやすい重要施設等への安全確保や具体的対処方針が明確となっていないNBC攻撃への対処について特に規定を設けている。これは、武力攻撃に対する対処を万全にし、国民の保護のための措置を講じていく上で遺漏がないようにしている。

(1)　生活関連等施設の安全確保

国民保護法制においては、ダム、発電所、浄水施設、などの国民生活に関連を有する施設や、原子力関連施設、石油コンビナートなどの安全を確保しなければ周辺の地域に著しい被害を生じさせる施設（以下「生活関連等施設」という。）の安全確保について、特に規定を設けている。

都道府県知事は、武力攻撃事態等において、生活関連等施設の安全の確保が特に必要であると認めるときは、当該施設の管理者に対し、安全確保のために必要な措置を講ずるよう要請することができる（緊急の必要があるときは、指定行政機関等も要請をすることができる。）。

都道府県公安委員会は、生活関連等施設の敷地及び周辺区域を立入制限区域として指定することができる。この場合において、警察官又は海上保安官は、立入制限区域への立入を制限し、若しくは禁止し、当該立入制限区域からの退去を命ずることができる。

これらの関係機関による措置の他に、特に必要であると認めるときは、内閣総理大臣が関係大臣を指揮して、安全の確保のための措置を講ずることができる。

(2) 原子力災害の発生の防止と対処

武力攻撃事態等において、その被害の甚大さから、原子力施設等への攻撃による災害への対処が懸案事項となる。

国民保護法制においては、原子力災害対策特別措置法と同様に、一定の責務を原子力防災管理者にも課し、通報義務や応急対策等の実施などを規定している。また、被害の未然防止のため、原子炉等の使用停止や汚染物の所在場所の変更など必要な措置を規定している。

原子炉を停止するのは専門的知見が必要不可欠であり、原子力防災管理者等をどのタイミングで避難させるのかの検討や停止基準の検討が重要である。また、原子力発電所が停止した場合の電力の安定供給、施設自体の防護措置、更に原子力発電所等が被害を受けた場合の対処なども運用上の重要な課題となっている。

(3) NBC攻撃による汚染への対処

国民保護法制においては、「引火若しくは爆発又は空気中への飛散若しくは周辺地域への流出により人の生命、身体又は財産に対する危険が生ずるおそれがある物質（政令で定められる予定であり、消防法上の石油などの危険物や、火薬類取締法に規定される火薬類等を想定している。）」への対処も規定するとともに、NBC攻撃による汚染への対処の規定も設けている。

Nとは英語でNuclear（核）、Bとは英語でBio（生物）、Cとは英語でChemical（化学）のことを指し、これらが武力攻撃において使用されると甚大な被害を発生させるおそれがある。

これらNBC攻撃による汚染に対しては、現在都道府県等の地方公共団体では十分な対処能力は持ち合わせておらず、国が責任を持って除染等の措置を講ずる必要がある。そのため国民保護法制においては、内閣総理大臣が関係大臣を指揮して汚染の発生の原因となる物の撤去、汚染の除去その他汚染の拡大を防止するため必要な措置を講じることになる。また、これらの措置と併せて被災者の救難及び救助に関する措置等も行う。

さらに、感染症予防法のスキームにならい、①NBCに汚染され、又は汚染された疑いのある飲食物、衣類、その他の物件の移動制限や廃棄等、②水の給水制限や禁止、③建物の立入制限や禁止・封鎖、④交通の制限や遮断などの措置を指定行政機関の長や都道府県知事等は講じることができる。

現在、我が国においては、自衛隊・警察・消防等各機関がそれぞれ一定のNBC汚染への対処能力を持つが、現状においては必ずしもそれぞれの機関の連携が十分に図られ、機動的な出動が確保されているとは言い難い。そのため、米国国防総省の下で編成された、大量破壊兵器対応のためのチームのような国による統一的なNBC対処チームの検討も行いつつ、国として一体となってNBC攻撃による汚染への対処に万全の体制を構築する必要があると思われる。

9　その他の応急対処措置

その他国民保護法制においては、様々な応急対処措置が規定されているが、簡単に解説を加えておく。

(1)　通報義務

武力攻撃による災害の兆候を発見した者は、遅滞なくその旨を市町村長・消防吏員・警察官・海上保安官に連絡しなければならない。当該通報を受けた市町村長・消防吏員は都道府県知事に速やかに通報することになる。

現在、すべての市町村において24時間体制が整っているわけではない。武力攻撃は昼夜を問わないので、24時間体制をとることが望ましいが、万全の体制の整備には一定の時間がかかるものと考えられる。そのため、少なくとも24時間体制をとる消防との適切な連絡体制を早急に整備・見直しすることが必要である。

⑵　消防庁長官の指示

消防は、市町村消防が大原則であり、緊急消防援助隊の派遣のための指示を除き、平時においては消防庁長官の指示権は市町村の消防には及ばない。しかしながら、武力攻撃事態等においては、国の一体的指示の下、関係機関が一体的な行動をとる必要があるため、消防庁長官の消防に対する指示が規定されている。

消防庁長官の指示には下記の3種類が存在する。

①　都道府県知事が持つ消防長等に対する指示権を、緊急を要する場合において、都道府県知事の代行的立場から市町村長に対して行う消防庁長官の指示

②　関係都道府県間の被災状況を踏まえ、国が保有する武力攻撃に関する情報を総合的に勘案し、都道府県知事に対して行う消防庁長官の指示

③　消防の応援等のために発する、関係都道府県知事及び市町村長に対する消防庁長官の指示

⑶　現行法の特例（感染症予防法、墓地埋葬法、廃棄物処理法、文化財保護法等の特例）

国民保護法制においては、現行法の規定による手続や規制によっては必要な対処措置等を講じることができない場合もあるため、現行法の各種特例を規定している。

感染症の蔓延を予防するため、感染症予防法、検疫法、予防接種法の適用除外が定められているほか、死体の埋葬火葬の手続の特例、廃棄物処理施設設置の手続や廃棄物処理の基準などの特例、文化財保護の特例などが規定されている。

⑷　被災情報の収集

国民保護法制においては、住民の安否に関する情報（6　安否情報の

収集及び提供参照（p.93）についての規定が設けられているが、それ以外にも、武力攻撃による災害による被害の状況に関する情報も収集し、整理、報告するための規定が設けられている。

市町村長は、被災情報の収集に努め、都道府県知事に報告しなければならず、都道府県知事は総務大臣に報告することになる。総務大臣においては、集めた情報を国の対策本部長に報告しなければならない。こうして国の対策本部長に被災情報が集約されていくのである。

そして、国の対策本部長は、被災情報をとりまとめた上、内閣総理大臣に報告し、国民に公表する。報告を受けた内閣総理大臣は国会にその内容を報告する。こうして必要な情報が厳正な手続を経て国民に公表されることになる。

国民保護法制においては、被災情報の収集及び報告に詳細な規定が置かれている。これは、武力攻撃事態においては、適切な被災情報等の提供が国により行われることの必要性が、特に高いと考えられるためである。

10　国民生活の安定

国民の保護において、避難、救援、災害への対処等はもちろん重要であるが、同時に、なるべく平時と変わらぬ生活を過ごすことができるように、様々な措置を講ずることも、民生安定の側面からは重要なことである。そのために国民保護法制においては次のような規定を置いている。

(1)　国民生活の安定

武力攻撃事態等のような有事に際して、必要物資の買い占めや売り惜しみ、物価の高騰などを防ぐための規定を置き、また、日本銀行は、通貨及び金融の安定のための措置を講ずべきことが規定されている。

また、金銭債務の支払い猶予措置（賃金の支払い等を除く。）や政府関係金融機関による特別な金融（償還期限等の延長、利率低減等）などが規定されている。

(2) 生活基盤等の確保等

電気・ガス・水道の安定的供給、運送・通信・郵便等の確保、医療の確保、河川・道路・港湾・空港といった公共的施設の適切な管理を規定することによって、国民のライフラインの確保に対しても遺漏のないようにしている。

また、応急の復旧についても規定が設けられており、指定行政機関の長等の重要施設の管理者に、その管理する施設及び設備についての応急の復旧のために必要な措置を講じる責務を課している。これにより、住民の当該施設及び設備の利用の確保を図り、生活の安定を実現させるものである。

11 備蓄その他の措置

国民保護法制には今まで解説を加えてきたもの以外にも様々な措置が規定されており、以下に若干の解説を加える。

① 物資及び資材の備蓄……国民の保護のための措置に必要な物資及び資材の備蓄等については、平時から適切な物資及び資材の備蓄、整備、点検をするよう規定されている。また、備蓄に関しては、自然災害への対応のための物資及び資材の備蓄と共通するものも多いため、国民の保護のための措置に必要な備蓄と相互に兼ねることができる旨を確認的に規定している。

② 避難施設の指定……都道府県知事に、あらかじめ政令で定める基準を満たす施設を、施設の管理者の同意を得た上で、避難施設として指定することを規定している。

③ 職員の派遣……地方公共団体の長等は、国民の保護のための措置の実施のため必要があるときは、指定行政機関等の職員の派遣を要請することができる。また、都道府県知事は総務大臣に対し、市町

村長は都道府県知事に対し、職員の派遣についてのあっせんを求めることができる。

④　電気通信設備の優先利用……指定行政機関の長や地方公共団体の長等は、緊急かつ特別の必要があるときは、電気通信設備を優先的に利用し、又は有線電気通信設備若しくは無線設備を使用することができる。

⑤　赤十字標章及び国際的な特殊標章……ジュネーヴ諸条約第一追加議定書に規定する赤十字標章及び国際的な特殊標章の交付についての規定を置いている。

※赤十字標章……赤十字標章とは、医療関係者等を識別するためのものであり、国民保護法制においては、指定行政機関の長又は都道府県知事が赤十字標章の交付等を行うこととされる。

※国際的な特殊標章……国際的な特殊標章とは、警報、避難、救助、消防など、第一追加議定書第61条に規定される民間防衛の任務に従事する者等を識別するためのものである。国民保護法制においては、国際的な特殊標章の交付等の事務は、民間防衛任務の実施者を管理する者に交付や許可等の権限を与えている。

(例)都道府県知事は当該都道府県の職員に対し、警視総監及び道府県警察本部長は当該都道府県警察の職員に対し、消防長はその所轄の消防職員に対し、交付や許可等を行う。

12　財政措置

武力攻撃事態等における国民の保護については、国及び地方公共団体がその総力を挙げて取り組まなければならないが、前節でも述べたように、武力攻撃事態等については国の責任が前面に出てくることになる。たまたま「外交の失敗」により、ある意味で「国を代表して」武力攻撃を受けた地方公共団体にその対処への費用負担をさせることは、公正ではない。そのため、国民保護法制においては、国の責任を前提として財政措置の規定が置かれている。

(1) 武力攻撃事態等が発生した場合に講じた国民の保護のための措置に要する費用に対する国の負担

武力攻撃事態等において、地方公共団体が行った、住民の避難、避難住民等の救援、武力攻撃災害への対処に関する措置に要する費用については、国が負担することになる。本節の記述で言うと、「3 武力攻撃事態等の認定と警報の発令・伝達」から「9 その他の応急対処措置」までに述べられている地方公共団体が講じる措置については、すべて国の負担ということである（ただし、職員の人件費（固定給部分のみ。超過勤務手当等は国の負担）や、地方公共団体の管理や行政事務の執行に要する経費、公共的施設の管理者として行う事務に要する経費については地方公共団体の負担になる。)。

他方、「2 都道府県及び市町村国民保護対策本部」、「10 国民生活の安定」、「11 備蓄その他の措置」に述べられている地方公共団体が講じる措置については、地方公共団体の負担となる。主な費用としては、対策本部の設置に係る費用などが考えられる。

(2) 地方公共団体が負担する経費への補助・負担の考え方

武力攻撃事態等が実際に起きた場合だけではなく、平時からの準備にも様々な経費が発生することになる。国民保護法制の中には、国民の保護のための措置やその他国民保護法制に基づいて実施する措置に要する費用について、国庫補助金の根拠規定が設けられている。今後、政府内において、国民の保護のために必要な補助メニューについて、随時検討を行っていくことになる。一方で、当初の政府原案では設けられていた負担金についても、今後国の立場から見て負担すべきものと考えられる経費についての議論を進める中で、制度の導入も十分想定されるべきものである。

(3)　復旧に対する財政措置

武力攻撃事態等が終了した後には、指定行政機関の長等は武力攻撃による災害の復旧を行わなければならないが、復旧に要する経費については、国民保護法制においては、次のような考え方をしている。

復旧に関して、どの程度の費用が発生するかは、武力攻撃事態等の規模や我が国が受けた被害等により様々であり、現時点で予測することは不可能に近い。そのため、現時点においてスキームを確定してしまうことはせずに、戦後に新たに戦災復興法を定め、その中で財政措置について規定することにしている。

国民保護法制には、戦後の戦災復興法においては、復旧が的確かつ迅速に実施されるよう、国費による必要な財政上の措置を講ずるものとする、との規定が置かれている。

なお、戦後の復旧ではなく、武力攻撃事態等において、応急的に施設の管理者等が行う応急の復旧（p.102「⑩　国民生活の安定」(2)生活基盤等の確保等に前述）に要する経費については、基本的に施設の管理者等の負担となるが、一定額以上に上るものについては戦後復興法に基づく復旧のスキームにより国費による必要な財政上の措置が講じられることになる。

(4)　地方財政措置

上記(1)、(2)の考え方により国と地方公共団体の費用負担については区分され、地方公共団体の負担とされるものについても、補助金・負担金を今後検討していくことになっている。

他方、地方公共団体の負担とされるもののうち、補助金・負担金ではなく、地方財政措置のスキームがなじむものについては、必要な地方財政措置が講じられることになる。

国民保護法制に基づく事務を行うため、平成16年度においては、都道府県については、標準団体ベースで４人、市町村については、標準団体ベースで１人分の人件費を地方交付税で措置（事務費を含む。）することとされている。また、平成17年度以降、今後の地方公共団体の事務量に応じて、地方財政措置の充実を検討していく予定である。

13　緊急対処事態

国民の保護のための法制の整備に当たって、航空機を用いた自爆テロなどへの対処をいかにするか、という点が大きな論点となった。

武力攻撃事態対処法第25条においても、「政府は、我が国の平和と独立並びに国及び国民の安全の確保を図るため、武力攻撃事態等以外の国及び国民の安全に重大な影響を及ぼす緊急事態に迅速かつ的確に対処するものとする。」と規定されている。また、地方公共団体の側からも、武力攻撃事態等への対処のみならず、より発生可能性の高いと思われる大規模テロ等への対処についても国が責任を持って対処すべきである、との意見が述べられていたところであった。

政府においては、国民保護法制の整備に当たって、大規模テロ等の国家の緊急事態についても、国民保護法制のスキームを準用することを決定し、国民保護法制に必要な規定が盛り込まれることとなった。また、それに伴い、政府があらかじめ作成する基本指針の中にも、緊急対処事態に関する事項を定めることになった。

以下に、その内容について解説を加える。

(1)　緊急対処事態とは

国民保護法制においては、大規模テロ等の国家の緊急事態について、「緊急対処事態」という語を用いており、その定義は以下のように規定される。

緊急対処事態……武力攻撃の手段に準ずる手段を用いて多数の人を殺傷する行為が発生した事態又は当該行為が発生する明白な危険が切迫していると認められるに至った事態で、国家として緊急に対処することに

より国民の生命、身体及び財産を保護することが必要なものとして内閣総理大臣が認定したもの

武力攻撃とは言えないが、その手段が国家として対処すべき重大なものである事態や、当初の段階ではその事態が敵対国家による武力攻撃と判断不能な場合も緊急対処事態に含まれる（後に、敵対国家による武力攻撃と判断され、武力攻撃事態として認定されるものも含んでいる。）。

その具体例としては、

・原子力発電施設の破壊

・炭疽菌等を用いたテロ

・航空機による自爆テロ

などが想定されている。

(2)　緊急対処事態への対応のスキーム

緊急対処事態の認定及び対応のスキームは、次のような流れになる。

まず、内閣総理大臣が緊急対処事態に至ったと認めるときは、閣議による決定を求め、同時に緊急対処事態に関する対処基本方針も閣議決定される。緊急対処事態の認定についての閣議決定があったときは、閣議により内閣に緊急対処事態対策本部が設置される。緊急対処事態対策本部については、武力攻撃事態対処法の規定が準用され、武力攻撃事態等対策本部と構成員・手続等は同様である。

(3)　緊急対処保護措置

緊急対処事態による攻撃から、国民の生命、身体及び財産を保護するための措置を「緊急対処保護措置」と呼ぶこととし、緊急対処保護措置には、国民の保護のための措置の規定が準用される。

警報、住民の避難誘導、避難住民等の救援、安否情報の収集及び提供、重要施設の安全確保やNBC攻撃等への対処など、国民の保護のための措置に必要なほとんどの規定が準用されることになり、本節２の「3　武力攻撃事態等の認定と警報の発令・伝達」～「9　その他の応急対処

措置」に述べられている措置はほとんど準用されることになる。

しかし、武力攻撃事態等と異なり、緊急対処事態においては、その事態が長期にはわたらないことが想定されるため、「⑩　国民生活の安定」中の「(1)　国民生活の安定」は、準用しないこととしている。また、武力攻撃事態等に至っていないことから、対策本部長の総合調整権及び内閣総理大臣の是正の措置については、緊急対処事態には必要がないと判断されたため、準用をしないこととしている。

なお、財政上の措置、損失補償、罰則等などについては、国民保護法制の規定が準用され、武力攻撃事態等と同様の扱いである。

⑭　その他の雑則、罰則、附則

国民保護法制における国、地方公共団体の事務の概要は上記に解説してきたとおりであるが、その他の規定について、最後に若干の解説を加える。

(1)　大都市特例、特別区等

「⑤　避難住民等の救援」及び「⑪　備蓄その他の措置」中の「避難施設の指定」については、都道府県の事務とされているが、政令指定都市に限り、政令指定都市の事務とされている。これは、政令指定都市の区域に関しては、多くの住民を抱えるため、都道府県が当該事務を行うよりも、政令指定都市に行わせる方がより効果的であることによる。

また、東京都の特別区に関する規定も置かれ、国民保護法制においては、特別区は市と見なされる。これは消防組織法第18条等と並びの規定である。

(2)　事務の性質

国民保護法制において、地方公共団体が行うこととされる事務については、基本的に自治事務ではなく法定受託事務であるとの整理がされている。これは、既に述べたが、自然災害とは異なり、武力攻撃事態等においては、国の責任が前面に出てくるため、武力攻撃事態等への対処に当たっても、国が責任を持って地方公共団体に措置を講じてもらう必要があるからである。

(3) 罰　則

罰則については、国民保護法制において現行法の規定を参考にしたものについては、現行法とバランスをとって罰則を科しており、武力攻撃事態等という緊急の場合だからといって、罰則が現行法と比べて不当に強化されていることはない。紙幅の都合上すべてを列挙することはできないが、罰則が科されている代表的なものは下記のとおりである。

・原子炉等に係る武力攻撃災害の発生又はその拡大の防止のための措置命令に従わなかった者
・物資の保管命令に従わなかった者
・国際的な特殊標章等をみだりに使用した者
・土地若しくは家屋の使用又は物資の収用に関し、立入検査を拒み、妨げ、又は忌避した者
・警戒区域又は立入制限区域への立入の制限若しくは禁止又は退去命令に従わなかった者

等

(4) 附則解説

国民保護法制の整備に必要な施行期日や他の法令改正などについては、「附則」に定められている。以下、附則の主な内容を解説する。

・施行期日……法律の公布後、3ヶ月以内に施行とされる。国民の保護のための措置を円滑に講じることができる体制を速やかに構築するためにも、本来は公布後に即施行されることが望ましいが、政令等の整備の時間も必要であり、3ヶ月以内とされた。
・国有財産法の一部改正……国民の保護のための措置等を講じる場合において、国有財産の無償貸付の特例を定めている。

・地方財政法の一部改正……国民の保護のための措置に関して、国の負担する費用を規定している。

・自衛隊法の一部改正……従来の出動・派遣類型（防衛出動、治安出動、災害派遣など）に加えて、国民の保護のための措置に関する派遣類型を創設し、必要な権限を規定している。

・消防組織法の一部改正……総務省消防庁は、国民保護法制に基づく事務のうち、住民の避難や安否情報、地方公共団体との連絡調整などの事務を所掌することとなるため、消防組織法を改正している。

・厚生労働省設置法の一部改正……厚生労働省は、国民保護法制に基づく事務のうち、避難住民等の救援などの事務を所掌することとなるため、厚生労働省設置法を改正している。

上記１、２で解説してきた国・地方公共団体の役割分担及び関係機関相互の関係について、これをマトリックスで示すと表３のとおりである。

表３　国民保護法制における国・地方公共団体の事務一覧（「国民の保護のための法制の要旨について」（内閣官房平成16年２月公表）をもとに編集）

	事務概要	国	都道府県	市町村
第１　総則	①国民の保護のための措置	2(1)　対処基本方針及び基本指針に基づき国民の保護のための措置を総合的に推進	2(2)　国民の保護に関する計画に基づき、国民の保護の措置の実施	2(3)　国民の保護に関する計画に基づき国民の保護の措置の実施
			2(2)　都道府県の委員会又は委員は、知事の所轄の下に国民保護のための措置を実施	2(3)　市町村の委員会又は委員は市町村長の所轄の下に国民保護のための措置を実施
			2(2)　指定行政機関の長等に対し、国民保護のための措置の実施を要請することができる	2(3)　都道府県知事又は市町村の他の執行機関に対し、国民保護のための措置を要請。都道府県知事に対し、指定行政機関の長等又は指定公共機関等に国民保護のための措置の実施を要請するよう求めることができる
			2(2)　市町村がその全部又は大部分の事務を行えないときは、当該市町村が実施すべき措置の全部又は一部を代行	
		2(2)　都道府県知事から、自衛隊の部隊等の派遣要請がない場合において緊急を要するときは、対策本部長は防衛庁長官に自衛隊の部隊等の派遣を求めることができる	2(2)　防衛庁長官に対し、自衛隊の部隊等の派遣要請	2(3)　特に必要があるときは、都道府県知事に対し、自衛隊の部隊等の派遣を要請するよう求めることができる
		2(3)　防衛庁長官は、市町村長から国民の保護のための措置を円滑に実施するために必要な事項の連絡を受けたときは、対策本部長に報告		2(3)　都道府県知事に対し、自衛隊の部隊等の派遣の要請の求めができないときは、国民の保護のための措置を円滑に実施するため必要な事項を防衛庁長官に連絡することができる
		2(4)　指定公共機関等は、国民の保護に関する業務計画の定めるところに		

	事務概要	国		都道府県		市町村
		より、国民の保護のための措置を実施				
		2(4) 指定公共機関等は、指定行政機関の長等に対し応援を求めることができる。指定行政機関の長等は、指定公共機関等に対し国民の保護のための措置の実施を要請できる				
		2(5) 対策本部長は、武力攻撃及び武力攻撃災害の状況並びに国民の保護のための措置の実施の状況の情報を適時にかつ適切な方法で国民に提供				

	事務概要	国		都道府県		市町村
		3(1) 対策本部は指定行政機関、地方公共団体、指定公共機関が実施する国民の保護のための措置を総合的に推進				
		3(2) 都道府県及び市町村対策本部を設置すべき地方公共団体を閣議決定により指定	→	3(3) 都道府県国民保護対策本部を設置	→	3(3) 市町村国民保護対策本部を設置
			←	3(3) 対策本部を設置すべき都道府県の指定を内閣総理大臣に要請	←	3(3) 対策本部を設置すべき市町村の指定を内閣総理大臣に要請
				3(3) 本部設置の有無にかかわらず、国民の保護のための措置を実施		3(3) 本部設置の有無にかかわらず、国民の保護のための措置を実施
		3(3) 防衛庁長官は、都道府県対策本部長の求めに応じ、職員を都道府県対策本部の会議に出席させるものとする		3(3) 都道府県対策本部長は、国の職員及びその他当該地方公共団体の職員以外の者を対策本部の会議に出席させることができる		3(3) 市町村対策本部長は、国の職員及びその他当該地方公共団体の職員以外の者を対策本部の会議に出席させることができる
				3(4) 都道府県対策本部は、国民の保護		3(4) 市町村対策本部は、国民の保護の

第1 総則	②対策本部			のための措置を総合的に推進		ための措置を総合的に推進
				3(5)　都道府県対策本部長は、国民保護のための措置に関する総合調整を行い、市町村長へ必要な指示		3(5)　市町村対策本部長は、国民保護のための措置に関する総合調整
				3(5)　指定地方行政機関及び指定公共団体の職員を都道府県対策本部会議に出席させるよう求めることができる		
		3(5)　都道府県からの要請により総合調整を実施	↔	3(5)　国の対策本部長に対し、総合調整を要請		
				3(5)　市町村からの要請により総合調整を実施	↔	3(5)　都道府県対策本部長への総合調整の要請
					↖	3(5)　都道府県対策本部長に対し、国の対策本部長に対する総合調整の要請を求めることができる
				3(5)　対策本部長に対し、必要な情報の提供を求めることができる		3(5)　都道府県対策本部長に対し、必要な情報の提供を求めることができる
				3(5)　関係機関に対し、国民保護のための措置の実施状況の報告又は資料提出を求めることができる		3(5)　関係機関に対し、国民保護のための措置の実施状況の報告又は資料提出を求めることができる
				3(5)　都道府県警察又は教育委員会に対し、必要な措置を講ずるよう求めることができる		3(5)　市町村教育委員会に対し、必要な措置を講ずるよう求めることができる

	事務概要	国		都道府県		市町村
		4(1) 4(3)　「国民の保護に関する基本指針」の策定（閣議決定、決定後国会へ報告及び公示）	→	6(1) 6(3)　基本指針に基づき「国民の保護に関する計画」の策定（議会への報告、内閣総理大臣に協議）	→	7(1) 7(3)　都道府県計画に基づき「国民の保護に関する計画」の策定（議会に報告、都道府県知事に協議）
		5(1)　指定行政機関の長は基本指針に基				

第1 総則	③計画・国民保護協議会	5(3) づき「国民の保護に関する計画」を策定（関係指定行政機関の意見を聴き、内閣総理大臣に協議）				
		8(1) 8(3) 指定公共機関は基本指針に基づき「国民の保護に関する業務計画」を策定（内閣総理大臣に報告）		8(1) 8(3) 指定地方公共機関は都道府県の国民の保護に関する計画に基づき「国民の保護に関する業務計画」を策定（都道府県知事に報告）		
		8(3) 内閣総理大臣は、指定公共機関からの報告のあった「国民の保護に関する業務計画」について必要な助言をすることができる		8(3) 都道府県知事は、指定地方公共機関からの報告のあった「国民の保護に関する業務計画」について必要な助言をすることができる		
				9(1) 9(3) 都道府県国民保護協議会を設置（知事を会長とし、関係機関の代表者等のうちから知事が選任した委員をもって組織）		10(1) 10(3) 市町村国民保護協議会を設置（市町村長を会長とし、関係機関の代表者等のうちから市町村長が選任した委員をもって組織）
				9(2) 国民の保護に関する計画を作成又は変更するときは、都道府県国民保護協議会に諮問		10(2) 国民の保護に関する計画を作成又は変更するときは、市町村国民保護協議会に諮問

	事務概要	国		都道府県		市町村
第1 総則	④組織の整備・訓練・啓発	11(1)国民の保護のための措置を的確かつ円滑に実施するための組織を整備				
		11(2)それぞれ又は共同して、国民の保護のための措置についての訓練を行うよう努めなければならない				
		11(3) 政府は、武力攻撃から国民を保護するために実施する措置の重要性について、国民に対する啓発に努めなければならない				

	事務概要	国		都道府県		市町村
第2 避難に関する措置	⑤警報	1(1) 1(3) 対策本部長は、対処基本方針及び基本指針で定めるところにより警報を発令し、指定行政機関の長に通知。総務大臣は都道府県知事に通知	→	1(3) 警報を市町村長、指定地方公共機関等に通知	→	1(3) 警報の内容を防災行政無線等により住民に伝達
		1(4) 在外邦人・航空機や船舶内に在る者への警報の伝達				
		1(5)放送事業者は業務計画に基づき警報の内容を放送				

	事務概要	国		都道府県		市町村
		2(1) 2(3) 対策本部長は、総務大臣を経由し、都道府県知事に対し避難措置の指示及び通知	→	3(1) 3(2) 市町村長を経由し住民に対し避難の指示（避難経路、交通手段その他避難の方法）	→	3(1) 3(2) 住民に対し避難の指示（避難経路、交通手段その他避難の方法）
		3(4) 都道府県知事が所要の避難の指示を行わないときは、避難指示を行うよう指示又は自ら当該措置を実施		4(1) 避難元及び避難先の関係都道府県知事は、避難住民の受入れについて、あらかじめ協議		
		4(5) 総務大臣は、都道府県知事に対し、住民の避難に係る措置を円滑に行うための勧告				
		4(6) 都道府県の区域を越えた避難住民の受入れに関する措置について、内閣総理大臣の是正の指示及び内閣総理大臣自らの対処是正の実施	→	4(2) 避難先都道府県知事は、正当な理由がある場合を除き、避難住民を受け入れるものとする	→	4(4) 通知を受けた市町村長は、避難住民を受入れ
				4(3) 避難住民を受け入れる市町村の決定及び当該市町村への通知。避難元の都道府県知事に通知	↗	
						5(1) 関係機関の意見を聴いて避難実施を定め、住民に伝達し、消防長、

第2 避難に関する措置 ⑥避難			警察署長及び海上保安部長等並びに自衛隊の部隊等の長に通知
			5(2) 避難実施要領により、市町村の職員並びに消防長及び消防団長を指揮し、避難住民を誘導
			5(3) 警察署長、海上保安部長等又は国民の保護のための措置の実施を命ぜられた自衛隊の部隊等の長に対し、避難住民の誘導を要請
			5(4) 警察署長等は避難誘導に当たり、市町村長と協議。市町村長は警察署長等に対し情報の提供を求め、必要な措置を要請
			5(6) 避難住民を誘導する者は、危険を生じさせ、又は危害を受けるおそれのある者に対し、警告又は指示
			5(6) 警察官又は海上保安官は危険な場所への立入禁止、退去措置、又は物件の除去等の措置（警察官又は海上保安官がいない場合は消防吏員又は自衛官が措置を実施）
		5(7) 避難住民の誘導を円滑に行うため、市町村を支援	
	5(9) 都道府県知事が避難住民の誘導に関する措置を講じていないときは、内閣総理大臣の是正の指示 →	5(8) 市町村長が避難住民の誘導を適切に行っていないときは、市町村長に対し避難住民の誘導を指示又は自ら実施 → 5(2)	
	5(10) 避難住民その他の者に対し、援助について協力を要請	5(10) 避難住民その他の者に対し、援助について協力を要請	5(10) 避難住民その他の者に対し、援助について協力を要請
		6(1) 避難住民を誘導するため、運送事業者である指定公共機関等に避難住民の運送を求めることができ、指定公共機関等は正当な理由がな	6(1) 避難住民を誘導するため、運送事業者である指定公共機関等に避難住民の運送を求めることができ、指定公共機関等は正当な理由がな

		い限り、その求めに応じなければならない	い限り、その求めに応じなければならない
		6(2)　指定公共機関等が正当な理由なく求めに応じないときは、対策本部長、都道府県対策本部長に対しその旨を通知	6(2)　指定公共機関等が正当な理由なく求めに応じないときは、対策本部長、都道府県対策本部長に対しその旨を通知
	6(3)　運送事業者の安全を確保した上で、指定公共機関等に対し、住民の運送が行われないときは、行うよう指示	6(3)　運送事業者の安全を確保した上で、指定公共機関等に対し、住民の運送が行われないときは、行うよう指示	
	3(3)放送事業者は、業務計画に基づき、避難指示の内容を放送		

事務概要	国	都道府県	市町村
	1(1)　都道府県知事に対し、救援の指示	1(2)　以下に掲げる避難住民等の救援を実施 収容施設の供与・食品の給与及び飲料水の供給・寝具その他生活必需品の給与又は貸与・医療及び助産・被災者の捜索及び救出・埋葬及び火葬・電話その他の通信設備の提供・その他政令で定めるもの	1(4)　都道府県知事が行う救援の補助
		1(3)　救援を迅速に行う必要があるときは、市町村長に事務の一部を行わせることができ、必要あるときは指示	
		1(8)　救援を必要とする者及びその近隣者に、その援助の協力を要請	
	1(9)　指定行政機関の長は、緊急の必要があるとき又は都道府県知事からの要請に応じ、物資の収用又は保管命令を自ら実施	1(9)　救援物資（医薬品、食品等）の所有者への売渡しを要請し、正当な理由なく応じないときは当該物資を収用	

第3　救援に関する措置	⑦救援			物資確保のため緊急の必要時には保管を命ずる		
				1(10)　収容施設・医療施設確保のため、土地、家屋等を所有者の同意を得て使用。正当な理由なく同意しないとき、又は所有者若しくは占有者の所在が不明のときは、特に必要があるときに限り、同意を得ないで使用		
				1(11)　医療関係者に対し、医療の要請。理由なく応じないときは医療を行うよう指示		
		1(12)　厚生労働大臣は、救援の実施に関し、他の都道府県知事に応援を指示				
		1(13)　都道府県知事が救援の支援を求めるときは、救援に係る物資の供給その他の支援を実施				
		1(14)　内閣総理大臣は、都道府県知事の救援に関する措置について、是正の指示又は自ら関係大臣を指揮し当該措置を実施				
		1(15)　外国政府等からの医療提供の申出を許可				
		1(16)　薬事法による承認を受けていない医薬品等の輸入許可				
		1(17)　海外からの支援の受入れに必要な措置を講ずるための政令を制定				
		1(6)電気通信事業者の避難施設における電話その他の通信設備の設置				
		1(7)運送事業者の緊急物資の運送				

	事務概要	国		都道府県		市町村
第3 救援に関する措置	⑧安否情報	2(1) 安否情報の収集、整理。外国人の 2(3) 安否情報の収集に協力	←	2(1) 安否情報の収集、整理及び総務大 2(3) 臣への報告。外国人の安否情報の収集に協力	←	2(1) 安否情報の収集、整理及び総務大 2(3) 臣への報告。外国人の安否情報の収集に協力
		2(2) 総務大臣は、安否の照会に応じ情報提供		2(2) 都道府県知事は、安否の照会に応じ情報提供		2(2) 市町村長は、安否の照会に応じ情報提供
		2(3)日本赤十字社の外国人の安否情報の収集及び整理				

	事務概要	国		都道府県		市町村
	（武力攻撃災害への対処）	1(1) 自ら必要な措置を講ずるとともに、地方公共団体と協力し、武力攻撃災害への対処に関する措置を総合的に推進				
		1(3) 都道府県知事に対し、武力攻撃災害の防除及び軽減のための措置の指示	→	1(2) 武力攻撃災害の防除及び軽減のため必要な措置を実施	→	1(2) 武力攻撃災害の防除及び軽減のため必要な措置を実施
		1(5) 内閣総理大臣は、都道府県からの求めに対し、関係大臣を指揮し、必要な措置を実施	↔	1(4) 災害の規模が著しく大規模であること、その性質が特殊であることその他の事情により、武力攻撃災害の防除及び軽減が困難であるときは、対策本部長に対し、必要な措置を要請することができる	←	1(6) 都道府県知事に対し、対策本部長に対する措置要請を行うよう求めることができる
						1(7) 消防は、国民の生命、身体及び財産を武力攻撃による火災から保護するとともに、武力攻撃災害を防除し、及び軽減しなければならない
		1(8)武力攻撃災害の兆候を発見した者は市町村長又は消防吏員、警察官若しくは海上保安官に通報				
				1(9) 武力攻撃災害が発生し、又は発生しようとしている場合で緊急の必		

		要がある場合、緊急通報を発令	
	1⑽放送事業者である指定公共機関等は、国民の保護に関する業務計画に基づき緊急通報の内容を放送		
（生活関連施設の安全確保）	2(1) 武力攻撃災害の防除及び軽減のため必要な措置を実施	2(1) 生活関連施設等の管理者に対し、施設の安全確保のための措置を要請	
	2(2) 生活関連施設等の警備強化等必要な措置の実施	2(2) 生活関連施設等の警備強化等必要な措置の実施	2(2) 生活関連施設等の警備強化等必要な措置の実施
	2(4) 内閣総理大臣は、生活関連施設の周辺の安全確保のため、関係大臣を指揮し、危険の防除、周辺住民の避難その他の措置の実施	2(3) 都道府県公安委員会等は、都道府県知事からの要請又事態に照らして特に必要なときは、生活関連施設等の周辺に立入制限区域を指定	
	3(1) 武力攻撃災害等において、人の生命又は身体に対する危険が生ずるおそれのある危険物質等に係る武力攻撃災害の発生を防止するため、法令に基づき適切な措置	3(1) 武力攻撃災害等において、人の生命又は身体に対する危険が生ずるおそれのある危険物質等に係る武力攻撃災害の発生を防止するため、法令に基づき適切な措置	3(1) 武力攻撃災害等において、人の生命又は身体に対する危険が生ずるおそれのある危険物質等に係る武力攻撃災害の発生を防止するため、法令に基づき適切な措置
	3(2) 被害防止のため緊急の必要があるときは、危険物質等の取扱者に対し、危険物等の取扱所の使用停止・制限その他必要な措置を命令	3(2) 被害防止のため緊急の必要があるときは、危険物質等の取扱者に対し、危険物等の取扱所の使用停止・制限その他必要な措置を命令	3(2) 被害防止のため緊急の必要があるときは、危険物質等の取扱者に対し、危険物等の取扱所の使用停止・制限その他必要な措置を命令
	4 武力攻撃に伴って発生した石油コンビナート等特別防災区域に係る災害への対処については、石油コンビナート等災害防止法の所要の規定を適用する		
	5(1)原子力防災管理者は、放射性物質又は放射線が放出されるおそれがあるときは、関係指定行政機関の長及び地方公共団体の長に通報		
	5(2) 対策本部長は、放射性物質又は放射線の放出により、生命、身体及び財産に危険が生ずるおそれがあるときは、武力攻撃原子力災害の発生又はその拡大を防止するための応急の対策に係る事項を公示		
	5(3)原子力防災管理者は、放射性物質又は放射線が放出されるおそれがあるときは、武力攻撃原子力災害の発生又は拡大の防止のために、必要な応急措置を実施		

第4　武力攻撃災害への対処に関する措置

⑨武力攻撃災害への対処	6	指定行政機関の長は、武力攻撃事態等において、事業者に対し原子炉の停止、核燃料物質又は核燃料物質によって汚染された物の所在場所の変更その他必要な措置の命令					
	7(1)	内閣総理大臣は、放射性物質等による汚染が生じたときは、関係大臣を指揮し、汚染の除去その他必要な措置を講じ、被災者の救難及び救助等必要な措置を実施					
	7(2)	内閣総理大臣は、関係都道府県知事への汚染拡大の防止のため、協力を要請	→	7(3)	都道府県知事は、市町村長又は都道府県警察への汚染拡大の防止のため、協力を要請	→	
	7(4)	汚染物質の移動制限、汚染された生活用水の給水制限、交通の遮断等の措置を命令		7(4)	汚染物質の移動制限、汚染された生活用水の給水制限、交通の遮断等の措置を命令		
（応急措置等）				8(1)	緊急の必要があるときは、自ら設備等の除去その他必要な措置を講ずべきことを指示	8(1)	武力攻撃災害を拡大させるおそれのある設備等の除去その他必要な措置を講ずべきことを設備の管理者等に指示
				8(2)	緊急の必要があるきは、自ら退避の指示を実施	8(2)	武力攻撃災害が発生し、又は発生するおそれがある場合において特に必要があるときは、住民に対し退避（屋内退避含む）を指示
				8(3)	緊急の必要があるときは、他人の土地、建物その他の工作物を一時使用し、物件を使用若しくは収用。武力攻撃災害への対処に支障となるものの除去	8(3)	緊急の必要があるときは、他人の土地、建物その他の工作物を一時使用し、物件を使用若しくは収用。武力攻撃災害への対処に支障となるものの除去
				8(4)	緊急の必要があるときは、自ら警戒区域を設定	8(4)	特に必要があるときは、警戒区域を設定し、当該区域への立入制限・禁止、退去命令

			8(5)	住民に対し、武力攻撃災害への対処に関する措置の援助について協力を要請	8(5)	住民に対し、武力攻撃災害への対処に関する措置の援助について協力を要請
					1(7)	消防は、国民の生命、身体及び財産を武力攻撃による火災から保護するとともに、武力攻撃災害を防除し、及び軽減
（消防）	9(1)	消防庁長官は、都道府県知事に対し、武力攻撃災害を防御するための消防に関する措置を指示（人命の救助等のため特に緊急を要するときは自ら市町村長に指示）	9(1)	市町村長若しくは消防長又は水防管理者に対し、武力攻撃災害の防御に関する措置を講ずるよう指示		
	9(2)	消防庁長官は、被災都道府県以外の都道府県知事に対し、被災市町村の消防の応援等の措置を指示（人命の救助等のために特に緊急を要するときは被災市町村以外の市町村長に指示）	9(2)	消防庁長官の指示に応じ、市町村長に対し、消防職員の応援出動等の措置の指示		
（感染症法の特例等）	10(1) 10(2)	感染症法、墓地埋葬法の特例	10(3)	住民の健康保持、環境衛生の確保のため、住民に対しその援助について協力を要請	10(3)	住民の健康保持、環境衛生の確保のため、住民に対しその援助について協力を要請
	11	環境大臣は生活環境の保全のため、一定の期間、特例地域を指定し、廃棄物処理法の規定にかかわらず廃棄物の処理に関する基準等の策定				
	12(1) 12(3)	文化庁長官は、重要文化財の所有者等に対し、所在の場所又は管理方法の変更その他の保護に関する措置命令、勧告。所有者に措置を講じさせることが適当でないときは自ら必要な措置				
	13(1)	指定行政機関の長等は、被災情報				

	事務概要		国		都道府県		市町村
	（被災情報）		を収集し対策本部長に報告				
		13(2)	対策本部長は、報告された被災情報を内閣総理大臣に報告し、国民に公表。内閣総理大臣は国会に報告				

	事務概要		国		都道府県		市町村
第５　国民生活の安定に関する措置	⑩国民生活の安定・生活基盤の確保・応急の復旧	1(1)	国民生活と関連ある物資、役務等の価格の高騰若しくは供給不足等に対し適切な措置を実施	1(1)	国民生活と関連ある物資、役務等の価格の高騰若しくは供給不足等に対し適切な措置を実施	1(1)	国民生活と関連ある物資、役務等の価格の高騰若しくは供給不足等に対し適切な措置を実施（指定都市のみ）
		1(2) 1(3)	金銭債務の支払の延期、権利の保存期間の延長の政令を制定し、特定非常災害の被害者の権利利益の保全等を図るための特別措置に関する法律の規定を準用				
		1(4) 1(5)	政府関係金融機関は特別な金融措置その他適切な措置を実施し、日本銀行は業務計画に基づき銀行券の発行、通貨及び金融の調節を行い、信用秩序の維持に資する措置を実施				
		2(1)	電気事業者、ガス事業者及び水道事業者は、安定的かつ適切な供給を行うための措置を実施（国・都道府県・市町村共通）				
		2(2)	運送業者、電気通信事業者、日本郵政公社又は一般信書便事業者である指定公共機関等及び医療機関は、業務計画に基づき必要な措置を実施（国・都道府県・市町村共通）				
		2(3)	河川管理施設、道路、港湾又は空港の適切な管理（国・都道府県・市町村共通）				
		3(1)	指定行政機関の長等は、武力攻撃災害による被害が発生したときは、公的施設及び設備について応急の	3(1)	武力攻撃災害による被害が発生したときは、公的施設及び設備について応急の復旧を実施	3(1)	武力攻撃災害による被害が発生したときは、公的施設及び設備について応急の復旧を実施

			復旧を実施					
					3(2)	指定行政機関の長に対し、応急の復旧のための支援を求めることができる	3(2)	都道府県知事に対し、応急の復旧のための支援を求めることができる

	事務概要		国		都道府県		市町村	
第6 復旧その他	⑪復旧その他の	（災害復旧）	1	指定行政機関の長等は、武力攻撃災害の復旧を実施	1	指定行政機関の長等は、武力攻撃災害の復旧を実施	1	指定行政機関の長等は、武力攻撃災害の復旧を実施
		（物資及び資材の備蓄）	2(1)	住民の避難及び避難住民等の救援に必要な物資及び資材の備蓄	2(1)	住民の避難及び避難住民等の救援に必要な物資及び資材の備蓄	2(1)	住民の避難及び避難住民等の救援に必要な物資及び資材の備蓄
					2(2)	避難住民を受け入れたときは、救援に必要な物資及び資材を必要に応じ供給	2(2)	避難住民を受け入れたときは、救援に必要な物資及び資材を必要に応じ供給
			2(4)	指定行政機関の長等は、国民保護のための措置に必要な物資及び資材を備蓄	2(3)	備蓄する物資及び資材が不足するときは、指定行政機関の長にその供給について必要な措置を要請	2(3)	備蓄する物資及び資材が不足するときは、都道府県知事にその供給について必要な措置を要請
					3	住民を避難させ、又は救援を行うため、政令の基準を満たす施設を、あらかじめ施設の管理者の同意を得て、避難施設として指定		
		（職員の派遣）			4(1)	指定行政機関の長又は指定公共機関に対し職員の派遣を要請	4(1)	指定行政機関の長又は指定公共機関に対し職員の派遣を要請
					4(2)	総務大臣に職員の派遣についてあっせんを求めることができる	4(2)	都道府県知事に職員の派遣についてあっせんを求めることができる
			4(3)	要請又はあっせんに応じ、事務の遂行に著しい支障のない限り、適任と認める職員を派遣	4(3)	要請又はあっせんに応じ、事務の遂行に著しい支障のない限り、適任と認める職員を派遣	4(3)	要請又はあっせんに応じ、事務の遂行に著しい支障のない限り、適任と認める職員を派遣
					5(1)	都道府県公安委員会は、緊急通行		

の措置	措置				車両以外の車両の通行を禁止又は制限		
	（交通の規制等）			5(2)	警察官は、通行禁止区域等において車両その他の物件の移動措置（警察官がその場にいない場合に限り、消防吏員又は自衛官も緊急通行車両の通行を確保するための措置を実施）		
		5(3)	国家公安委員会は、特に必要があるときは、都道府県公安委員会に対し通行禁止等に関する事項を指示				
	（赤十字標章等の交付等）	6(1)	指定行政機関の長は、医療関係者を識別するための赤十字標章等を交付し、又は使用を許可することができる	6(1)	都道府県知事は、医療関係者を識別するための赤十字標章等を交付し、又は使用を許可することができる		
		6(2)	指定行政機関の長は、国民の保護のための措置を行う者を識別するための国際的な特殊標章等を交付し、又は使用を許可することができる	6(2)	都道府県知事は、国民の保護のための措置を行う者を識別するための国際的な特殊標章等を交付し、又は使用を許可することができる		

	事務概要	国		都道府県		市町村	
		1(1)	法律の規定による収用その他の処分により通常生ずべき損失を補償	1(1)	法律の規定による収用その他の処分により通常生ずべき損失を補償	1(1)	法律の規定による収用その他の処分により通常生ずべき損失を補償
		1(2)	総合調整又は是正の指示に基づく措置による都道府県又は指定公共機関の損失を補てん	1(3)	総合調整又は知事の指示に基づく措置による市町村又は指定公共機関等の損失を補てん		
		1(4)	国民保護のための措置等に協力した者が、死亡、負傷等したときは、損害を補償	1(4)	国民保護のための措置等に協力した者が、死亡、負傷等したときは、損害を補償	1(4)	国民保護のための措置等に協力した者が、死亡、負傷等したときは、損害を補償

	事務概要	国		都道府県		市町村
第7 財政上の措置等	⑫財政上の措置等		1(5)	要請に応じ又は指示に従って医療を行う医療関係者が死亡、負傷等したときは、損害を補償		
		2(1) 国民保護法制の規定に基づき実施した措置に要する費用は、その実施の責めに任ずる者が支弁	2(1)	国民保護法制の規定に基づき実施した措置に要する費用は、その実施の責めに任ずる者が支弁	2(1)	国民保護法制の規定に基づき実施した措置に要する費用は、その実施の責めに任ずる者が支弁
		2(2) 地方公共団体が支弁した費用のうち、次に掲げるものについては国が負担 ・住民の避難に関する措置に要する費用 ・避難住民等の救援に関する措置に要する費用 ・武力攻撃災害への対処に関する措置に要する費用 ・地方公共団体が行う損失補償、損害補償等に要する費用	2(2)	地方公共団体が支弁した費用のうち、職員の人件費、地方公共団体の管理及び行政事務の執行に要する費用並びに地方公共団体が施設の管理者として行う事務に要する費用は、地方公共団体が負担 故意又は重過失がある場合は、地方公共団体が行う損失補償、損害補償等に要する費用についても地方公共団体が負担	2(2)	地方公共団体が支弁した費用のうち、職員の人件費、地方公共団体の管理及び行政事務の執行に要する費用並びに地方公共団体が施設の管理者として行う事務に要する費用は、地方公共団体が負担 故意又は重過失がある場合は、地方公共団体が行う損失補償、損害補償等に要する費用についても地方公共団体が負担
		2(3)武力攻撃災害の復旧に関する措置に係る財政上の措置については、別に法律で定めるところにより、国費による必要な財政上の措置を講ずる				

	事務概要	国		都道府県		市町村
第8 雑則	⑬雑則				1	救援及び避難施設の指定に関する事務は指定都市により処理
		2 地方公共団体が処理することとされている事務は、基本的に第一号法定受託事務				

	事務概要	国		都道府県		市町村
第9 雑則	⑭罰則	次に掲げる者には、刑罰を科する。 ①危険物質等による危険防止のための措置命令に従わなかった者②原子炉等による被害防止のための措置命令に従わなかった者③物資の保管命令に従わなかった者④国際的な特殊標章等をみだりに使用した者⑤通行禁止・制限に従わなかった車両の運転者⑥放射性物質等による汚染拡大の防止のための措置命令に従わなかった者⑦土地・家屋の使用又は物資の収用に関し、立入検査を拒み、妨げ、忌避した者⑧物資の保管に関し、必要な報告をせず、又は虚偽報告をした者⑨武力攻撃原子力災害について通報をしなかった原子力防災管理者⑩国宝等の被害を防止				

※緊急対処事態（武力攻撃の手段に準ずる手段を用いて多数の人を殺傷する行為が発生した事態又は当該行為が発生する明白な危険が切迫していると認められるに至った事態で、内閣総理大臣が認定したものをいう。）においても、避難、救援、武力攻撃災害への対処、財政上の措置等に関する規定を準用。

第４章
国民保護法制の実施推進体制

第１節　国民保護法制の整備に係る政府の体制

1　国民保護法制整備本部の設置

政府は、国民保護法制の整備に当たり、平成15年６月に武力攻撃事態対処関連三法案を成立させ、有事への対処に関する制度の基礎を確立し、内閣官房を中心に国民保護法制をはじめとする個別法制の整備に取り組んできている。

中でも国民保護法制については、国民の権利・義務とも密接な関係を有し、検討事項も多岐に及ぶため、内閣官房長官を本部長とする国民保護法制整備本部（以下「整備本部」という。）を設置し、法制について広く国民の意見を求め、地方公共団体等との連絡調整を緊密に行ってきている（表１参照）。

表１　国民保護法制の整備に係る政府の役割

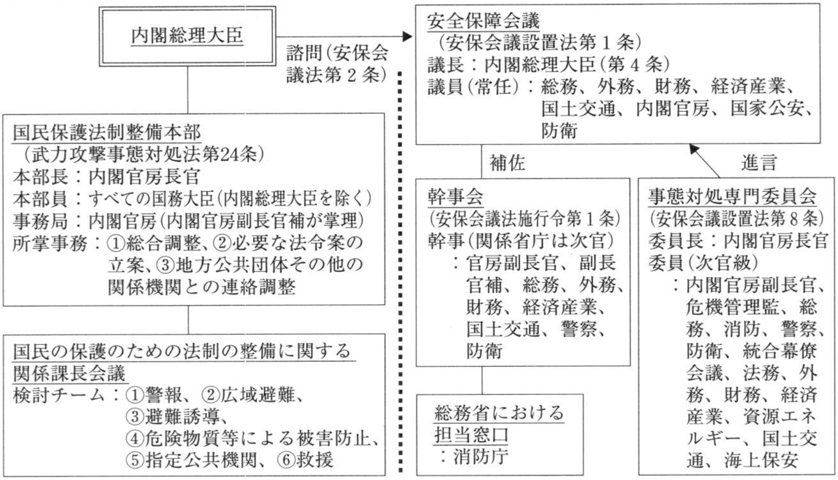
内閣総理大臣
諮問（安保会議法第２条）
安全保障会議
（安保会議設置法第１条）
議長：内閣総理大臣（第４条）
議員（常任）：総務、外務、財務、経済産業、国土交通、内閣官房、国家公安、防衛
国民保護法制整備本部
（武力攻撃事態対処法第24条）
本部長：内閣官房長官
本部員：すべての国務大臣（内閣総理大臣を除く）
事務局：内閣官房（内閣官房副長官補が掌理）
所掌事務：①総合調整、②必要な法令案の立案、③地方公共団体その他の関係機関との連絡調整
補佐
進言
幹事会
（安保会議法施行令第１条）
幹事（関係省庁は次官）
：官房副長官、副長官補、総務、外務、財務、経済産業、国土交通、警察、防衛
事態対処専門委員会
（安保会議設置法第８条）
委員長：内閣官房長官
委員（次官級）
：内閣官房副長官、危機管理監、総務、消防、警察、防衛、統合幕僚会議、法務、外務、財務、経済産業、資源エネルギー、国土交通、海上保安
国民の保護のための法制の整備に関する関係課長会議
検討チーム：①警報、②広域避難、③避難誘導、④危険物質等による被害防止、⑤指定公共機関、⑥救援
総務省における担当窓口
：消防庁

2　整備本部の構成

整備本部の構成は、「武力攻撃事態対処法」（平成15年法律第79号）第24条に基づき、内閣総理大臣の下に、内閣官房長官を整備本部長として、整備本部の事務総括及び所部の職員を指揮監督し、内閣総理大臣を除く整備本部長以外のすべての国務大臣が整備本部員となっている。整備本部の事務局は、内閣官房にある。

整備本部の具体的な所掌事務としては、①総合調整、②必要な法令案の立案、③地方公共団体その他の関係機関との連絡調整等が挙げられる。整備本部は、国会への法案提出に向けて随時開催され、全閣僚が集まって慎重な議論を重ねながら国民保護法制の整備を行ってきている。

さらに、整備本部の下に関係課長会議を置き、①警報、②広域避難、③避難誘導、④危険物質等による被害防止、⑤指定公共機関、⑥救援等の国民保護法制における個別具体的な項目について検討してきている。

なお、総務省消防庁は、地方公共団体が国民保護法制を実施するに当たり、武力攻撃等による被害に対応する地方公共団体、消防組織を所管し、政府の窓口となって地方公共団体を支援する立場から国民保護法制の整備に当たっての議論を行ってきている。

上記の仕組みの中での議論を踏まえ、内閣官房が国民保護法制の法案を作成してきたというのが国民保護法制の法整備の体制である。

3　有事における政府の対応

一方、実際に有事が起きた場合に政府がどう対応するのかというオペレーションが「安全保障会議設置法」（昭和61年法律第71号）で定められている。

まず、内閣総理大臣の諮問機関として設置されている安全保障会議において、国防に関する重要事項及び重大緊急事態への対処に関する重要事項が審議される（同法第１条）。構成員は、内閣総理大臣を議長とし、総務、外務、財務、経済産業、国土交通、内閣官房、国家公安、防衛の国務大臣が議員（常任）である（同法第５条）。

さらに、その下に事態対処専門委員会があり、安全保障会議が武力攻撃事態等への対処に関する基本的な方針等の事項の審議や意見具申を迅速かつ的確に実施するための必要な事項に関する調査及び分析を行い、その結果に基づき、安全保障会議に進言する（同法第８条）。同委員会は、内閣官房長官を委員長とし、関係省庁の次官級の役職の者を委員としている。

4　有事における総務省消防庁の役割

平成15年６月の法律改正で総務大臣が安全保障会議の常設委員となった。

これは、国全体の安全保障にとって、国民保護の側面が一つの重要なテーマであることから、政府の窓口として総務省が地方公共団体との連絡調整等を行う立場にあること、総務省が被災事案に立ち向かう実働部隊の消防を所管していること、そして、重要基幹通信を所管していることも常設委員となった理由として挙げられる。

また、上記の経緯もあり、安全保障会議における総務省の窓口機能は消防庁が担うこととなっている。

このように、有事における対応を含め、総務省消防庁はこれまで以上に総合的危機管理機能を有することになる。

第２節　平成16年度に想定される国民保護の事務・関連事業

1　組織体制の整備

国、地方公共団体を通じて、国民保護に係る態勢の整備を開始するに当たり、第一に重要なことは、国民保護に係る業務を行う組織体制をどのように整備するかということである。

総務省消防庁は、平成16年度より国民保護企画室（仮称）と国民保護運用室（仮称）の２室を設け、政府の窓口として地方公共団体が国民保護の業務を実施するに当たっての支援を行う予定である。

各室の具体的な所掌事務としては、当面、国民保護企画室（仮称）が、①国民保護に係る地方における推進体制のあり方の検討、②国民保護モデル計画の策定等の主に国民保護に係る仕組みの企画・立案業務を行い、国民保護運用室（仮称）が、①警報・避難体制の整備検討、②避難マニュアルの策定等の主に国民保護に係る個別施策の運用の検討を行う予定である。

2　国民保護計画の作成

国民保護法制の制度上、都道府県・市町村は、当該地域における国民保護計画（以下「計画」という。）を作成する必要がある。この計画は、法案成立後、政府が作成する「基本指針」に基づき作成することになっているが、基本指針公表後、速やかに計画作成に着手するためには、基本指針公表前から内容の検討や基礎資料収集等の準備を行っておくことが求められる。

なお、鳥取県のように平成16年度中に都道府県及び市町村の計画作成を目的として、平成16年１月から３月の期間を教育訓練期間として、市町村における担当職員の養成を行うなどの準備を行っている先駆的な自治体もある。

3　国民保護モデル計画の作成

しかし、都道府県にとってみれば、基本指針が公表されていない段階で、計画の作成に着手するにしても、何から始めたらよいのかという懸念が生じてくる。

総務省消防庁は、平成16年度政府予算原案に盛り込まれた国民保護関係事業費の中の「国民保護モデル計画（以下「モデル計画」という。）」の作成において、都道府県の計画のモデルを作成し、提示することにより、都道府県の計画作成を効果的に進めていくこととしている。

モデル計画作成に当たっては、内閣官房との協議を交えながら基本指針との整合性を図るとともに、適宜、モデル計画の素案を公表することにより、都道府県の意見を踏まえながらモデル計画を策定していくことを想定している。この作成過程における情報の共有により、都道府県においても、基本指針やモデル計画がどういったものになるのか、また計画を作成するに当たり、何を準備すればよいのかということが判断できると思われる。

4　平成16年度総務省消防庁国民保護関連事業

計画作成以外にも、地方公共団体が行う国民保護法制の体制整備の準備は、相当程度発生する。以下では平成16年度政府予算原案に盛り込んだ事業も含め、総務省消防庁の国民保護関係事業を若干解説することとする。

1　地域情報収集・被災情報収集システム調査検討

武力攻撃事態時において迅速・的確な警報や避難指示を伝達するためには、平時から避難や交通手段の確保に必要な地域情報を収集し把握するとともに、被災状況（倒壊家屋、死傷者、交通網への被害等）に関する情報を各自治体で共有し、極力標準化された情報の収集システムを構築していくことが重要である。

例えば、GIS（Geographical Information Systems：地理情報システムの略で、地図上に様々な情報を重ね合わせて表示し、分析するシステムのことをいう。）を活用して情報を集めるという仕組みを、国・県・市町村それぞれのレベルで議論していくことは極めて重要である（図１）。

図１　国民保護において想定される被災情報収集システム

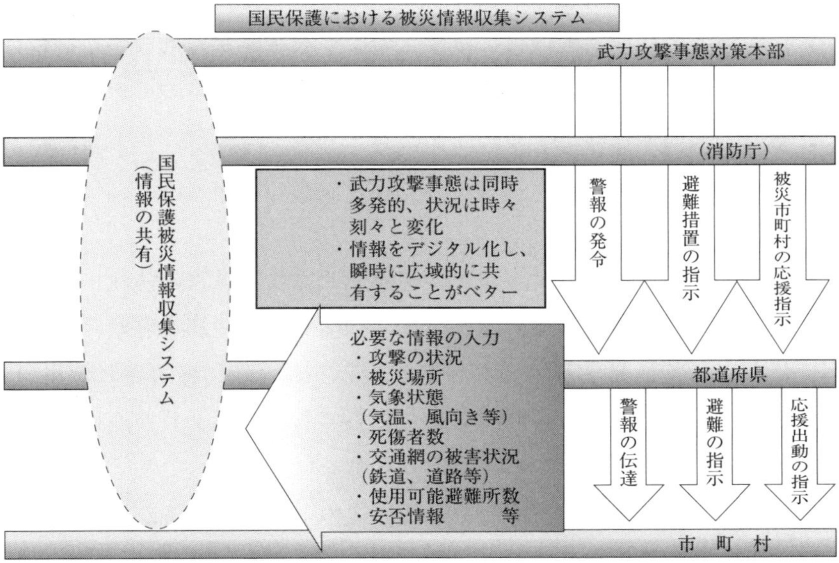

2 モデル避難マニュアルの作成

武力攻撃事態等における住民の避難方法については、人口規模、地理的条件、交通網の発達状況、重要施設の立地状況等により、地方公共団体ごとの避難の形態も異なってくる。

また、国が専ら有事に関する情報を有し、又は国において調整が求められる事項として、

・武力攻撃に係る被害想定
・国から地方公共団体への情報提供のあり方
・都道府県の区域を越えた避難に係る措置
・避難時における自衛隊、米軍等関係機関との行動調整

等が挙げられる。

上記は、地方公共団体において従来の自然災害では想定されなかったものであり、知識・情報・経験の不足を訴える地方公共団体も多いことから、総務省消防庁が地域によってどのような避難が有効なのかを検証し、地方自治体の特性に応じた実践的な避難マニュアルのモデルを作成し、地方公共団体に提示する必要がある。

3 危機管理の体制整備

武力攻撃事態においては、住民の避難や武力攻撃災害の防除・軽減に当たって、警察、消防、自衛隊等複数の機関や複数の都道府県・市町村が一体となって活動する場合が想定される。この際、使用される用語、指揮系統、システム等が各機関でまちまちであると、十分な連携も成り立たず対応に支障をきたすことになりかねない。

このため、単一的・効率的な組織的構造の下で、関係者が協力して対応できる危機管理体制の検討が必要となってくる。

例えば、米国では、連邦、州、地方政府が効果的かつ効率的に国内で発生する事態（incident）に、その原因、規模、複雑さにかかわらず、

共同して準備し、対応し、復旧を図るための首尾一貫した全国規模のシステムとされるNIMS（National Incident Management System：全米被害管理システム）が検討されているが、このようなシステムの整備状況も参考にする必要がある。

４　国民保護啓発・育成

国民保護に係る普及・啓発については、一般の人の有事に関する意識はまだまだ低く、日本において武力攻撃などはありえないと考えている方がほとんどではないかと思われる。これを、実際にありうるかもしれないということを理解し、それに対する備えを行っていくということは実際のところ非常に難しい問題でもある。

地方自治体レベルでは、平成15年10月に鳥取県において国民保護フォーラムが開催され、その後も同様の催しが全国各地で開催されるなど国民保護に係る関心は高まってきている。平成16年度以降も、総務省消防庁としては、そのような地方公共団体の取組みを積極的に支援していく予定である。

５　高機能情報通信対応防災無線（デジタル同報無線）

警報・避難情報等を迅速に伝達して住民を避難させる仕組みを構築することは、国民保護法制の根幹である。しかし、これをいかに構築するかということは、非常に難しい問題である。

例えば、武力攻撃事態時に住民に警報や避難情報を伝達する防災行政無線は現状のままでよいのか、伝達する速度を速めたりする必要はないのか、アナログではなくデジタル化をどのように進めていくのかといったことを、高機能情報通信対応防災無線（デジタル同報無線）整備事業の議論と併行して行っていく必要がある。

6 消防団総合整備事業・自主防災組織活性化事業

武力攻撃事態時に住民の避難誘導を行うに当たって重要な役割を担うことが期待される消防団や自主防災組織に対して、どのように協力をお願いするのか、避難誘導に必要な資機材はどのように整備するのかという問題がある。現在、消防団は、毎年7,000人ずつ団員が減少しており、この状況の中で消防団や自主防災組織に対して国民保護において求められる役割を理解してもらえるのかといった問題もある。消防団や自主防災組織等に関しては、日常的な災害対応活動への対処能力を高める延長線上の対処として、国民保護への対処という視点を加えていくことが必要である。

以上1から6までに述べたことを簡単にまとめたものが、表2である。

表2　平成16年度国民保護関連事業

◇有事に備えて国民保護のための体制づくり

事業区分	事業内容	事業主体
●国民保護に係る国・地方の推進体制のあり方検討	・消防庁の国民保護計画を策定するとともに国民保護実施体制調査研究会を設けて地方公共団体における国民保護推進体制のあり方を検討	国
●地域情報収集分析	・武力攻撃事態時において、国として迅速・的確な避難指示を可能とするため、平時から必要な地域情報収集整理（避難や交通の確保に不可欠な地理情報等）	国
●被災状況に係る情報収集システム調査	・武力攻撃事態において適切な対処を講じるため、全国の被災状況（倒壊家屋、死傷者、交通網への被害等）に関する情報を迅速・的確に収集するためのシステムのあり方について調査・検討	国
●消防庁の組織体制の強化	・国民保護企画室（仮称）・国民保護運用室（仮称）職員人件費	国

◇地方公共団体の体制づくりの支援

事業区分	事業内容	事業主体
●国民保護モデル計画作成	・国民保護計画のあり方について、検討部会を設置し、複数パターンのモデル計画を作成	国
●避難マニュアル作成	・実践的な避難マニュアルのあり方について、検討部会を設置し、複数パターンのモデルマニュアルを作成	国
●国民保護啓発育成	・国民保護についての啓発冊子を作成し、消防団・自主防災組織等に対して配布するとともに、シンポジウムを開催し、消防防災関係者をはじめ国民一般への普及・啓発	国
●危機管理体制整備検討	・地方公共団体における組織体制の強化、全国統一的な対処措置を行うための用語・組織形態の標準化について、検討部会を設置し、危機管理体制のあり方を検討	国

◇資機材の整備等の支援

事業区分	事業内容	事業主体
●高機能情報通信対応防災無線（デジタル同報無線）	・国の武力攻撃事態等に関する情報に基づき、大量に避難する住民を想定し、音声に加え、文字や画像により分かりやすく避難手順・タイムスケジュール等に関する情報を迅速かつくまなく提供するための設備整備	市町村（県の支援）
●消防団総合整備事業 ●自主防災組織活性化事業	・武力攻撃事態における広域・大規模な避難等の実施に当たり、県・市町村等の行政機関のみでは対応しきれない、住民一人ひとりへのきめ細かい警報・避難指示の周知徹底や、住民の健康状態等に応じた適切な避難誘導等を担うため、地域の実情を熟知した消防団や自主防災組織を育成・活性化	

第３節　地方公共団体が検討する国民保護関連体制と業務

国民保護に係る事務を実施するに当たり、平成16年度から生じるであろう地方公共団体の業務を総務省消防庁で想定したものが表３・４である。

1　都道府県の組織体制の整備

都道府県に関しては、まず、都道府県の国民保護担当部署を設置することにより、平成16年度から国民保護に係る業務に取りかかるとともに、市町村に対して国民保護の実施に当たっての指導・助言を行うことので

表３　平成16年度から着手が予想される都道府県の国民保護関連事業

	項　目	内　容
〔実施計画〕	●都道府県及び市町村の体制整備	○国民保護の実施に向けた都道府県の組織体制を整備。 ○市町村に対する国民保護に関する説明会の実施。 ○国・都道府県・市町村間の事務の迅速・円滑な流れを確保するため、相互の事務処理体制の標準化を検討し、これに対応した市町村の体制整備を推進。
〔計画〕	●国民保護計画策定準備	○国民保護法制に基づき、計画に規定すべき項目について、政府が作成する基本指針との整合性を図りつつ、基礎資料の収集等必要な準備を行う。 ○国民保護計画策定に当たり、関係機関・団体により構成される組織や市町村の連絡会議等を立ち上げ、必要な事前調整を実施。 ○国民保護計画の策定と並行し、関係機関とともに武力攻撃災害による被害想定や、避難マニュアルを検討。
〔避難の検討〕	●広域的な避難の方法等の検討	○広域的な避難の実施に当たり、情報の収集・伝達、避難の方法等について、隣接都道府県や市町村等との連携のあり方を含め、幅広く検討し情報や課題を共有

		するため、都道府県ブロック会議や市町村等の関係機関との検討会を開催。
〔普及・啓発〕	●住民への普及・啓発	○住民（特に消防団員や自主防災組織メンバー等）に対し、国民保護法制の内容や、担うべき役割を理解してもらうため、普及・啓発事業を実施。
〔資機材整備〕	●資機材の整備 ・高機能情報通信対応防災無線 ・消防団総合設備事業 ・自主防災組織活性化事業	○デジタル同報無線の配備や消防団・自主防災組織の育成に関する市町村向け説明会等を実施。 ○避難情報の迅速な伝達や的確な避難誘導に不可欠な、デジタル同報無線の整備や消防団・自主防災組織の育成のため、市町村（地域）との必要な調整を実施。

きる体制を整備する必要があると考えられる。

総務省消防庁は、平成16年２月に都道府県に対して国民保護に係るアンケートを行った。平成15年度中に都道府県において国民保護関連業務を行った職員が合計で114人、平均2.49人であったものが、平成16年度に向けては、合計で135人、平均2.87人（組織要求ベース）となっている。

また、国民保護の業務に係る専任職員については、平成15年度が５県（合計10人）であったのに対して、平成16年度は１道１府28県（合計82人）（組織要求ベース）で増加しており、各都道府県においても、組織体制の充実を図り、国民保護の業務に取り組もうとする姿勢がうかがわれる（図２参照）。

2　国民保護計画策定準備

都道府県は、国の策定する基本指針に基づいて国民保護計画を作成することになっている。都道府県においては、総務省消防庁が作成する国民保護モデル計画に対する内容に関する意見交換や基礎資料収集を行う

図２　都道府県の国民保護体制に関するアンケート結果

2004年２月現在
消防庁防災課

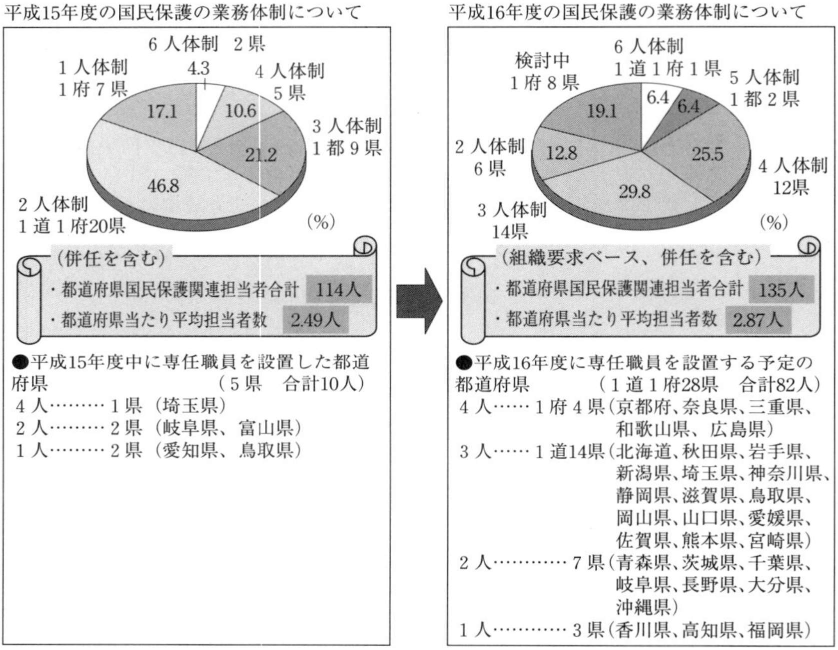

注：市区の国民保護体制については、現在調査中

ことにより、基本指針公表後、速やかに計画作成に取りかかることができる準備を整えておくことが必要である。

3　国民保護協議会の設置

国民保護計画を作成するに当たって、各都道府県・各市町村は、国民保護協議会を設置し、その内容を諮問することになっている。このため、平成16年度に法律が施行された後、速やかに国民保護協議会の委員を人選する必要がある。国民保護協議会の委員には、国民の保護のための措置に関し、学識経験を有する者を人選することになるが、このような専門家が日本には少ないので早めに対象者を発掘していく必要がある。

4　広域的な避難方法の検討

武力攻撃災害においては、当該都道府県だけでなく、都道府県域や市町村域を越えるような避難も想定される。隣接都道府県相互だけではなく、ブロック単位でどのような避難を行えばよいのか、どのような情報を集めればよいのかということをブロック会議等を通じて定期的に検討を行っていくことが必要になる。

5　普及・啓発

国民保護のための措置を実施するに当たり、国として万全な態勢を整備するためには、住民の理解及び協力は不可欠である。特に、武力攻撃事態時に避難誘導等の重要な役割を担う消防団員や自主防災組織メンバー等に対して国民保護法制の内容や担うべき役割を理解してもらうことは重要であるため、説明会やパンフレットの配布等を通じて普及啓発を行うことは必要である。

6　資機材の整備

武力攻撃事態等において、警報や避難情報等を住民に迅速・的確に伝達する手段として、防災行政無線がある。しかしながら、現在の市町村の防災行政無線は、全国の３分の２の市町村で同報系の無線が整備されているが、残りは未整備という実態である。無線整備がされていない市町村には、武力攻撃事態時において住民に対して迅速に避難情報等を伝える行政上の手段がないのである。このため、無線整備がされていない地域にあっては、速やかに整備する必要がある。

また、武力攻撃事態における広域・大規模な避難等の実施に当たり、県・市町村等の行政機関のみでは対応しきれない場合、地域の実情を熟知した消防団や自主防災組織の役割は重要である。このため、住民一人ひとりへのきめ細かい警報・避難指示の周知徹底や、住民の健康状態等に応じた適切な避難誘導を担うために必要な資機材の整備をする必要がある。

7　都道府県の抱える問題点

都道府県が国民保護の業務を行うに当たっての問題点をアンケートで尋ねた結果が表４である。都道府県の担当者については、実際に国民保護の業務を行えば、具体的問題点が更に出てくるものと思われるが、今回のアンケートで多かった意見としては、国民保護の業務を行うに当たりどのくらいの人員を想定すればよいのか、都道府県における国民保護の業務の全体の事務量が分からないといった意見であった。

表４　主な問題点・意見・質問等

◆組織関連

（１）市について現段階での専任職員設置は困難（１県）

（２）地方自治体及び国民保護対策本部の組織体制についてモデルを示してほしい（１県）

（３）市町村は、国の財源が担保されないと新たな組織体制を整備できない（１県）

（４）地方自治体、自衛隊の協力が円滑に行われるように、国としてスキームを整えてほしい（１県）

（５）具体的業務内容、人員、市町村の体制整備について、公文書による見解を示してほしい（１県）

◆予算関連

（６）業務量が不明のため、予算や人員の算定困難（１県）

（７）地方の人員、財政状況を配慮して業務を検討されたい（１県）

◆国民保護計画、避難マニュアル関連

（８）被害想定を提示してほしい（３県）

（９）基本指針、モデル計画等は作成過程をオープンにし、地方の意見を取り入れてほしい（６県）

（10）都道府県間の広域連携検討会を国主導で開催してほしい（１県）

（11）避難所の避難施設・設備、備蓄基準、運営方法について基準を示してほしい（１県）

（12）基本指針や計画・マニュアルのモデルは、実効性のあるものを早期に作成してほしい（９県）

（13）計画は、地方自治体間の整合性を取るために基礎データを入力するだけ

で作成できるシステムはできないか（１県）
(14) 計画策定は、市町村合併を考慮してほしい（１県）
(15) 指定公共機関の範囲の整理が必要（１県）
(16) 計画、マニュアル、条例、要綱等はすべてひな型をつくってほしい（１県）
(17) 県外への避難は、航空機・船舶しかないが安全をどう確保するのか（１県）
(18) 米軍基地の軍人・軍属に県知事の避難の指示等の対応は必要か（１県）

◆普及・啓発関連
(19) 国民や市町村に対して積極的な普及啓発を行ってほしい（５県）
(20) フォーラム開催経費を援助してほしい（１県）
(21) フォーラム開催に当たり、講師を紹介してほしい（１県）

◆その他
(22) 法案、事務内容、スケジュールについて、説明会、研修会を開催してほしい（５県）
(23) 全国知事会危機管理研究会の提言を法案や基本指針に反映されたい（１県）
(24) 関係機関と連携しながら総合的に推進するためには、知事の権限は不十分（１県）

総務省消防庁としては、アンケート結果の内容を踏まえ、地方公共団体が抱える問題点を解決しながら、国民保護の業務が円滑に実施できるよう、政府の窓口として地方公共団体の支援を行っていく予定である。

8　市町村の国民保護関連業務

平成16年度に想定される市町村の国民保護関連業務をまとめたものが表５である。

市町村が作成する国民保護計画は、都道府県が作成する国民保護計画に基づき作成することになっており、市町村の中には都道府県の国民保護計画が作成されるまでは、業務が発生しないと考えている担当者がいるかもしれない。

しかし、有事の際には都道府県と市町村が連携して国民の保護のための措置を行う必要があることから、都道府県と市町村が協議を行いながら実効性のある都道府県の国民保護計画を作成する必要があるのである。

また、警報や避難情報等を住民に伝える手段であるデジタル防災行政無線をどのように整備していくのか、住民の避難誘導の際に協力を期待する消防団や自主防災組織の避難誘導のために必要な資機材をどのように整備するのかといったような課題も生じてくる。

さらには、国民保護法制の実施に当たっては、住民の理解は最も重要であるため、住民に最も身近な行政である市町村が主体的にかつ積極的に普及啓発を行う必要がある。

このためには、市町村においてもこれらの業務を行う組織体制を平成16年度から整備していく必要がある。

表５　平成16年度から着手が予想される市町村の国民保護関連事業

	項　目	内　　容
〔実施体制〕	●市町村の組織体制整備	○市町村の組織体制整備に係る検討 ○市町村の連携方策の検討 ○都道府県が開催する組織体制整備説明会の参加及び個別協議
〔避難の検討〕	●広域的な避難の方法等の検討	○地域情報収集（収集すべき情報の整理） ○都道府県が開催する避難誘導に関する説明会の参加及び個別協議
〔普及・啓発〕	●住民への普及・啓発	○住民（特に消防団員や自主防災組織メンバー等）についての広報 ○住民への説明会準備及び開催
〔資機材整備〕	●資機材の整備	（高機能情報通信網対応防災無線） （消防団総合整備事業） （自主防災組織活性化事業） ○資機材の整備に係る設置箇所の検討 ○都道府県が行うデジタル同報無線整備及び自主防災組織の育成に関する説明会への参加及び個別協議

第５章
諸外国における国民保護

冷戦終結により、世界的な規模の武力紛争が生起する可能性は遠のいたものの、それまで抑え込まれてきた民族対立、宗教対立が噴出した。これと並行して、従来から想定されてきた正規軍同士の国家間紛争のみならず、テロ組織や個人などの非国家主体が、テロ、サイバー攻撃など非対称的な攻撃（通常戦力に劣る国や非国家主体が、強い戦力を持つ国を攻撃するに際して、正面からぶつかっていったのでは勝算は薄い。そこで、相手の脆弱な部分や攻撃の影響が大きい場所を突くことを、非対称的な攻撃という。）手段を用いて行う攻撃が、安全保障上の問題として浮上してきた。そして、2001年（平成13年）9月の、米国における同時多発テロは、このことを明白に世界に示すとともに、テロが、一般市民の生命と財産に対する大きな脅威であることを強く印象づけた。

第二次世界大戦以降の現代戦においては、都市に対する空爆や市街戦等により、非戦闘員が戦争に巻き込まれる危険性が格段に高くなった。また、テロリズムは、そもそも一般市民をターゲットとすることから、それだけ非戦闘員に与える危険性も高い。そこで、軍事と民間（非軍事）との密接な連携協力による全体防衛（Total Defense）を図ることが、戦争、テロ等の発生時において市民の生命・財産を保護するに当たって特に重要となってきている。

我が国では、2004年（平成16年）3月に国民保護法制が国会に提出されたことに伴い、従来議論することを避けてきたこの分野に対する社会的関心がようやく高まってきているが、海外に目を向けると、早くから有事の際の国民保護に積極的に取り組んできた国々がある。そこで、本章においては、そうした国々の行っている先進的な取組みの一部を紹介することにより、日本における国民保護の在り方を議論する上での材料を提供したい。

第1節　アメリカ

1　国土安全保障省の創設

2001年（平成13年）9月11日に米国で発生した同時多発テロ事件を受け、米国でテロ事案をはじめとした国家レベルの緊急事態に対する連邦政府の機能強化が求められたため、2002年（平成14年）11月25日、ブッシュ大統領は新たな法案である「国土安全保障法（Homeland Security Act of 2002)」に署名し法律を制定した。

これは、危機管理に関する事務（特にテロ対策を第一の目標）を集中的・効率的に行うため、従来あった危機管理に関する連邦政府の関係省庁を統廃合し、新たな組織として国土安全保障省（U. S. Department of Homeland Security：DHS）を設立させたものである。

なお、組織改編に当たっての基本的な考え方は、以下の事務を一つの省で行うことである。

・米国の安全保障の確保
・国境警備、空港などの輸送施設、社会基盤の安全確保
・安全保障に関する多方面からの情報収集・分析
・情報連絡体制の調整を行い、その際には州政府、地方政府、民間企業、国民と連携すること
・バイオテロ、大量殺戮兵器から国民を保護すること
・初動対応機関への輸送や資機材支援
・連邦政府の応急対応活動を調整すること

なお、これまで連邦危機管理庁：FEMA（Federal Emergency Management Agency）が担ってきた応急対応、被害軽減、復旧復興に関する関係省庁や地方政府との調整機能は、そのまま新省庁の部局

(Emergency preparedness and Response：応急対応・準備・復旧）の中枢を構成している。

2　DHSの組織

新たに創設されたDHSは、以下、主要4部局から構成されている（図1参照）。

図1

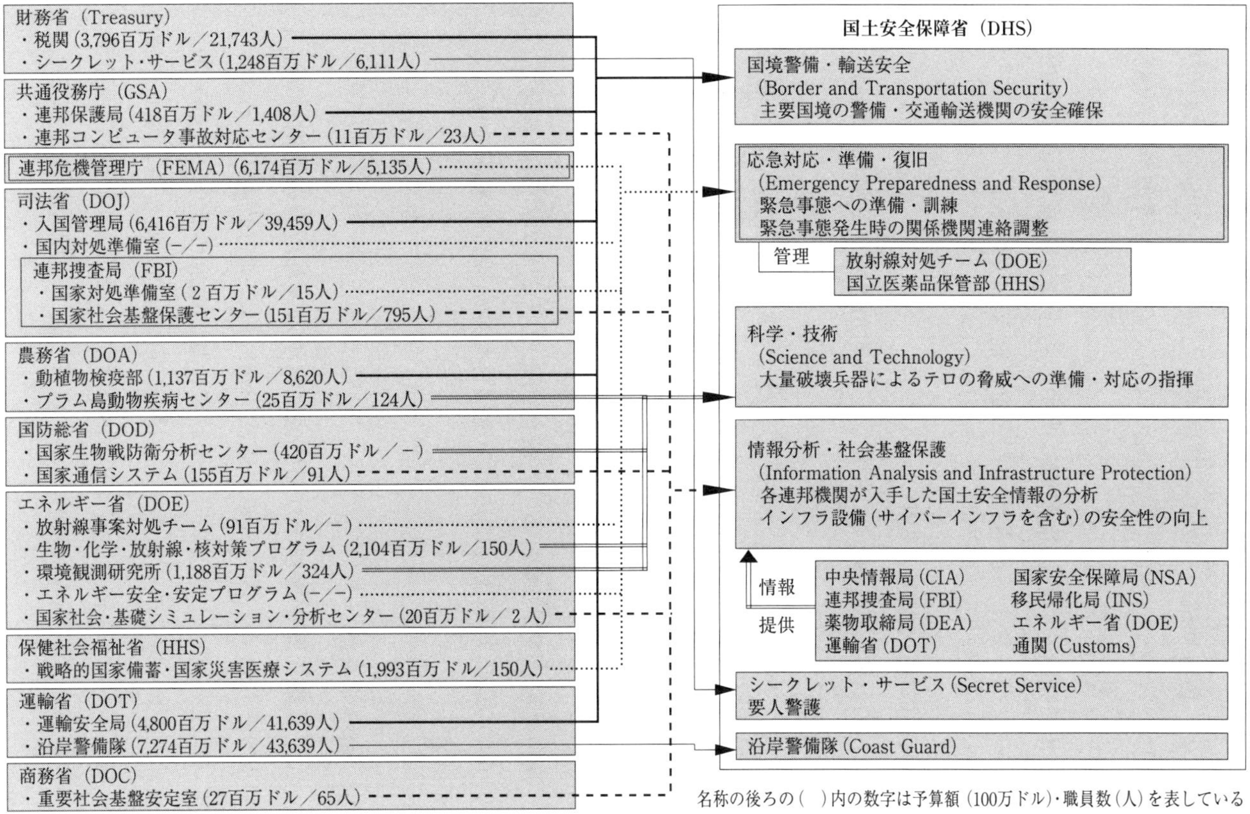

名称の後ろの（　）内の数字は予算額（100万ドル）・職員数（人）を表している

1 国境警備・輸送安全

国境・領海や輸送システムに関連した連邦政府の安全保障活動に関する権限を行使する部門で、米国内への入国や物流管理を行う部局を一括管理する責任を負う。

ビザの発給を含む国境警備に関するあらゆる情報を中央情報センターやデータベースから引き出すことを可能としている。

2 応急対応・準備・復旧

国内の自然災害に対する初動対応機関が実施する準備や訓練、政府の応急対応について、効果的なものとなるよう監督を行う。

FEMAがこの中核となり、これまでFEMA、司法省、保健社会福祉省が行っていた消防、警察、防災担当職員への補助金を所管する。また、放射線対処チーム（Nuclear Emergency Search Team：エネルギー省）や国立医薬品保管部（National Pharmaceutical Stockpile：保健社会福祉省）といった重要な応急対応組織を指揮する。

連邦応急対応計画を単一の統合的な政府全体の計画に統合し、また、すべての応急対応職員に必要な資機材や通信設備の整備を図ることとしている。

3 科学・技術

大量殺戮兵器を含むテロの脅威に対する連邦政府の準備・対応を主導する。そのため、国の施策の立法や州政府、地方政府のためのガイドライン策定を行い、連邦政府、州政府、地方政府の化学・生物・放射線・核（CBRN）対応チームやその実施計画のための演習や訓練を指導する。これにより、従来各省庁ごとに別々に行ってきた施策を統合・協調させ、一つの省が米国への壊滅的なテロ攻撃を防ぐ重要な使命を担うこととなる。

生物・化学・放射線・核テロ部門では、土壌汚染テロを含む生物・化学・放射線・核テロに対する準備・対応を主導する。また、治療方法やワクチン、抗体、解毒剤その他の対応策の開発を推進する。

科学・技術部門では、テロとの戦いにおいて、アメリカの広範にわたる科学技術力の土台は優位な条件をもたらすが、これまで安全保障分野で50年以上にわたる実績のある国の研究開発機構をさらに重点的に活用することで、優位性を一段と高める。また、従来、各省庁に分散配置されていた国土安全保障に関する研究・開発機能を統廃合するとともに、設備の機能評価や標準仕様の策定により、州や地方の公共安全機関を支援する。

4　情報分析・社会基盤保護

情報と脅威分析部門では、関係機関からの情報収集を行い、国土に脅威となる情報について分析する。また、国土に対する現在と将来の脅威を確認・評価し、脅威に対する弱点を調査し、警報を発令し、直ちに適切な防衛策を講じる。この部門との最も重要な連携機関はFBIに新たに設置された情報室である。

もう一つの部門である社会基盤保護部門は、米国の食料・飲料水供給システム、農業、健康管理、防災機能、情報・通信機能、金融、エネルギー、輸送、化学企業、防衛産業、郵便・海運、国家的記念碑・像等の社会基盤・施設の脆弱性に係る総合的な評価を行う。

また、州政府、地方政府、他の連邦機関、民間部門と密接に連携し、これらハイリスク施設に対する最も適切な保護手法の実施を支援する。

3　ＤＨＳが重点的に取り組んでいる事項

1　インターオペラビリティ（Interoperability 相互互換性）の重視

インターオペラビリティとは、消防に限らず使われている概念だが、機器、装置を標準化し相互互換性を保持することを指す。特に、通信の分野において、パブリック・セーフティー・ウィンズ（Public Safty WINS 全米無線相互互換性戦略）が定められている。災害時、テロ攻撃時において効果的な通信を確保しようとする全米レベルでの施策である。

その施策の一環として、スコアカード制度を導入し、全米各州の取組み状況を文字どおり「採点」することで、インターオペラビリティの水準を確保している。

2 インテリジェンス情報の収集、警報の発信

情報・社会基盤保護の部門では、タイムリーな情報の収集及び情報の分析と警告の発信の一連の動作を、いかに迅速にできるか、その能力向上に取り組んでいる。

3 危機管理センター（EOC：Emergency Operations Centers）の整備

EOCの整備は効果的な緊急事態への対応に不可欠である。各州に5万ドルを支給し、危機管理センターの評価を実施している。FEMAとしては州や市町村の危機管理センターの強化のため4億ドルを確保し、市町村に7,400万ドルを提供している。

4 大都市圏医療応急チーム（MMRS：Metropolitan Medical Response Teams）

公衆衛生に対する脅威、大量破壊兵器の使用という事態に備えるため、既存の緊急事態対応システムを充実させ、最も重要な初期48時間に効果的に対応可能な緊急医療体制を整備している。地域社会の警察・消防・緊急医療サービス、危険物取扱い班、病院、公衆衛生機関などの相互の協力体制を構築し、120の大都市及び郡部に整備されている。

MMRSの5ヶ年戦略計画では、運用準備態勢の評価や大量死傷者発生に対する対処などに取り組んでいる。2002年度で23の管区が存在し、管区毎に60万ドルの助成金が提供されている。

5　25の高危険度地区の激甚被害応急計画

全米で25の高危険度地区を定め、激甚被害応急計画を定めている。この計画には、例えば、60日以内に10万人分の避難者向け緊急収容施設を作る計画・手続の整備や、100%の任務遂行能力を確保するため、すべての応急対応チームに基礎技術を習熟、訓練させることなどがある。そして、少なくとも毎年一回実施準備態勢訓練を実施し、そのレベルを評価している。

6　全米被害管理システム（NIMS：National Incident Management System）の構築

単一の包括的国家システムにより被害管理が実現できるように、各州、各市町村の異なるコマンド、指揮系統システムを抜本的に改善し合同運用するものである。現在検討チームが発足し、2003年中の制度確立を目指し作業中である。

7　国家災害時医療システム（NDMS：National Disaster Medical System）

8で述べるUS&R等と提携関係にある機関であるFEMAのシステムである。その任務は、大規模な被害が発生した場合の医療処置、患者の移送、長期的な高度医療ケアを病院において提供するというもの。このシステムは、さまざまなチームから構成されている。

・39の災害医療支援チーム

・４の大量破壊兵器国家医療対応チーム
・５の火傷専門チーム
・２の小児医療チーム
・１の挫滅医療チーム（相当時間生き埋めになった被災者のクラッシュ症候群に対応する専門チーム）
・１の国際外科医療チーム
・４のメンタルヘルスチーム
・４の獣医学支援チーム
・11の埋葬支援チーム

8 都市検索救助隊（US&R：Urban Search & Rescue）と災害支援チーム（IST：Incident Support Teams）

都市部における捜索、救助に携わるUS&Rには28のタスクフォースが存在している。IST（災害支援チーム）はハイレベルの支援チームという位置づけである。US&Rの任務の中でも、倒壊した建物から被災者を救助することに焦点が当てられている。地震であれ、ハリケーンであれ、テロであれ、災害の原因を問わず被災者を捜索し救助する任務がある。

また、危険物取扱チームが大量破壊兵器による被害への対応をすることになっており、62名の隊員及び８名の危険物の専門家によるものである。さらに、現在すべてのタスクフォースにWMD対応能力（大量破壊兵器対応能力）が保持されるように準備を進めているところである。

第2節　韓　国

1　韓国の民防衛の組織

韓国の民防衛制度の根拠法となるのは民防衛基本法（1975年法律第2776号）である。その目的は、「敵の侵攻や全国及び一部地方の安寧秩序を害する災難から住民の生命と財産を保護すること」であり、1975年（昭和50年）のベトナム戦争における南ベトナム敗北等を機に、住民が自らの身を守るため民防衛を開始したとされる。

中央政府の民防衛に関する中央組織として、民防衛災難統制本部が設置されている。民防衛に関する事項の総括・調整は国務総理が司るとされているが､実質的にはその補佐役である行政自治部長官が担っている。民防衛は、軍隊・警察とは違って、日常の住民向けの行政活動と関わりが深いこと及び住民の安全・住民管理という観点から行政自治部が所管している。韓国においては、「民防衛に要する行政資源は住民台帳と同じレベルであることから、行政自治部長官が所管することに合理性がある」とされている。

民防衛に関して、国家の重要政策を審議する機関として「中央民防衛協議会」が置かれている（表１参照）。地域の民防衛業務に関しても、必要な事項を審議する機関としての「地域民防衛協議会」が設置され、韓国の広域自治団体である「特別市・広域市・道」、基礎自治団体である「市・郡・区」、下部行政単位である「邑・面・洞」それぞれに民防衛協議会が置かれている（図２参照）。

表1　中央民防衛協議会の委員構成

区分	委　員（27名）
委員長	国務総理
副委員長	財政経済部長官（副総理）、教育人的資源部長官（副総理）、行政自治部長官
充て職委員（17名）	全長官（13名）、国政広報処長、国家保訓処長、国家情報院第二次長、非常企画委員会委員長
委嘱委員（6名）	ソウル大学校総長、韓国女性団体協議会会長、韓国労働組合総連盟委員長、韓国新聞協会会長、韓国放送協会会長、大韓商工会議所会長

図2　韓国民防衛の所管組織

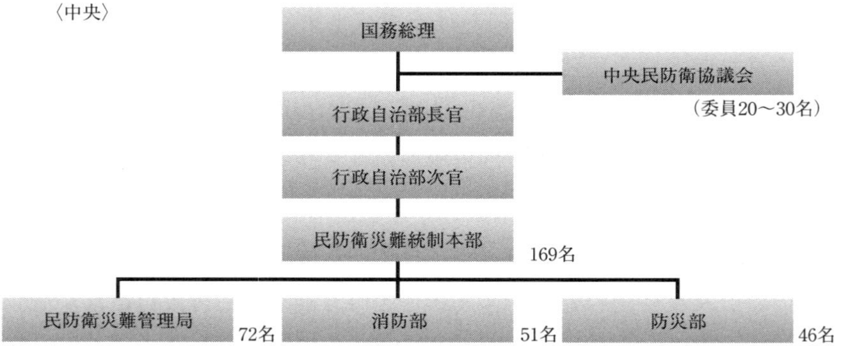

〈地方〉
- ○　特別市・広域市・道……特別市・広域市・道民防衛協議会
  【民　防　衛】　自治行政局、行政管理局、消防防災本部など
  【災難・防災】　建設局、都市局など
  【消　防】　消防本部
- ○　市・郡・区……市・郡・区民防衛協議会
  【民防衛】　総務課、自治行政課、民防衛災難管理課、民願奉仕課など
  【災難・防災】　建設課、都市計画課、下水課など
  【消防】　消防署（消防派出所）

2　民防衛に関する計画

国務総理は、民防衛に関する基本計画指針を作成し、関係中央官署の長に示達する。これにより、行政自治部長官との協議のうえ関係中央官署の長が提出した所管民防衛業務に関する基本計画案を総合し、中央協議会の審議を経て基本計画を作成する。

基本計画に従い、中央官署の長は、その所管民防衛業務に関する執行計画を作成する。また、市・道知事は、執行計画に従いその所管民防衛業務に関する市・道計画を作成し、市長・郡守・区庁長は、市・道計画に従って、その所管民防衛業務に関する市・郡・区計画を作成、それぞれが民防衛に関する業務を計画的に執行する。

3　民防衛隊の組織

民防衛を遂行するようにするため、地域及び職場単位で民防衛隊が置かれている。民防衛の隊員数は628万人、8万9,000隊にも上る。韓国の民防衛隊は任命制であり、法律で20～45歳の男性は登録義務を有し（うち軍、予備役、警察、義勇消防隊等を除くため、対象は当該人口の55%)、守らないと処罰される。なお女性は希望すれば入隊が可能である。民防衛隊員は年10日、総50時間の限度内で教育及び訓練を受ける。韓国で生まれた男性は、軍隊、予備役（8年)、民防衛と勤めるのが平均的である。

民防衛隊には住所地を単位とする地域民防衛隊と職場を単位とする職場民防衛隊で編成される。法律で20人以上の対象者がいる職場では職場民防衛を組織し、それより小さい企業又は自営業者は地域民防衛に加入している。20人より少なければ近隣の組織と統合させている。隊長は職場民防衛なら職場の長、地域民防衛では棟・里（邑・面・洞の中で更に細分化された地域単位）の長になる。

4　民防衛隊の任務

行政自治部長官は、民防衛事態が発生したり発生するおそれがある場合、民防衛のため民防衛隊の動員が必要だと認めるときにはその動員を命ずることができる。民防衛隊の任務は表2のとおりである。

また、行政自治部長官、市・道知事、市長・郡守・区庁長は、民防衛

表２　民防衛隊の任務

平常時－住民申告及び災難準備	有事－人命救助及び後方支援
・民防衛事態等の申告網管理・運営 ・民防衛教育訓練 ・各種災難に対する準備予防活動 ・待避施設、統制所等の設置管理 ・警報網の管理及び警報体制の確立 ・民防衛施設・装備の維持管理　等	・警報伝播、待避住民統制 ・交通統制、灯火管制 ・人命救助、医療、消火活動 ・被害施設の応急復旧 ・物資運搬等の後方支援 ・民心の安定及び勝戦意識の鼓舞　等

事態が発生したり発生することが確実で、民防衛のため応急措置を取るべき急迫な事情があるときには、民防衛に必要な範囲内で次の措置をすることができる。ただし、応急措置を命ずる時間的な余裕がない場合には、必要な措置を直接行うことができ、応急措置命令を拒絶する場合には、代執行することができるとされる。

・住民の避難、車両等の移動、灯火、音響の制限又は禁止命令
・民防衛上支障がある施設等の管理者に対する改善・移転命令
・業務の禁止・制限命令及び継続・再開命令
・土地・建物等の一時使用や障害物の変更・除去命令と措置

5　民防衛隊の運営

民防衛隊の登録事務の担当部署は、民防衛局では編成運営担当、実務は邑面洞が実施している。毎年11月に調査を行う。また、民防衛隊の災害補償は地方自治体別に運営している。国全体として補償の基準はあるが、地域で判断できる。実例は年数件であり、民防衛教育を受けに行く途中の交通事故などとのことである。

非常待避施設は全国188ヶ所、4万7,000坪が整備されている。専用と兼用があり、兼用施設は普段は地下駐車場にしている。

図3　警報の伝達体系

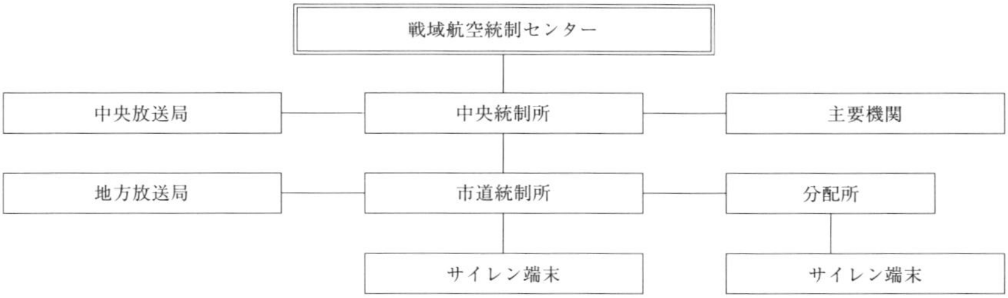

平澤市にあるＴＡＣＣ（Theater air control center：戦域航空統制センター）から民防空情報が入ると、中央民防衛警報統制所を通じ、主要機関、中央放送局及び市道統制所（全国16ヶ所）へ、市道統制所からサイレン端末へ警報指令を瞬時に伝達。

6　民防衛警報

行政自治部長官、市・道知事、市長・郡守・区庁長等は、民防衛事態が発生したり発生するおそれがあるとき、又は民防衛訓練を実施するときには、民防衛警報を発することができる。警報には大きく分けて2種類、「民防空警報」と「災害警報」があり、テレビの文字放送、ラジオ、サイレンにより国内全域に伝達される。それぞれ事前に鳴らす「警戒警報」と攻撃が来たときに鳴らす「空襲警報」、それと「解除警報」がある。バイオ等の攻撃に対応する「化生放（化学、生物、放射能警報）」もある。

警報の伝達については、空軍がレーダーで監視しており、北方等から侵入があったら直ちに覚知し、中央警報統制所に勤務している行政自治部職員から、16ヶ所の地方警報統制所を通じ、全国に1秒で到達するシステムを擁している（図3参照）。5箇年計画で整備を進め、現在サイレンは全国1,035ヶ所、人口カバー率81%であるが、山岳部や島嶼部ではまだ聞こえないところもあるという。

実際の警報の他、訓練警報もあり、全国一斉警報も一部地域を限って鳴らすことも可能である。全国的な訓練は年3回で、日にちが決まっており、その時は自動車も止まる。

なお、実際の警報が鳴ったのは今までに5回（中国機の侵入が1回、北朝鮮機が4回。すべて亡命戦闘機）とのことである。

7　訓練・教育

民防衛の訓練は、年10回・50時間以内で行政自治部長官が決定して実施している。民防衛隊編入4年以下の隊員は、年8時間（上・下半期各4時間）の訓練を実施。内容は安保素養教育（2時間）及び実技訓練（6時間）となっている。民防衛隊編入5年以上の隊員は、年1回の非常招集訓練を実施。通知により招集し、所属・任務等を確認する。

また、一般国民に対する訓練に関しては、2003年度は年3回の訓練を実施。うち2回は日時を決めて実施し、1回は日時を決めずに実施。全体で20分間の訓練を行うが、20分間の訓練の間は、政府の担当課長がラジオで避難の仕方等を説明し、全チャンネルで生放送する。

・最初の3分間、民防空警報を鳴らす（退避開始）
・警報が鳴り始めてから15分の間に、車両は通行を停止し、国民は地下・屋内に退避
・最後の5分間は、退避の状態で待機

8　災難・テロ・戦争と民防衛

韓国では自然災害を「災害」、人為災害を「災難」に分類し、「自然災害対策基本法（農漁業被害に関するものは「農漁業被害対策法」）」と「災難管理法」を二つの基本法として、防災行政を推進している。1995年（平成7年）の三豊デパート崩壊事故で500人近くが死亡したことを受けて「災難管理法」が制定されたのを機に、民防衛が戦争から住民を保護するためのものだけでなく、「災難」から住民を守る機能も強化された。

大規模ゲリラや戦争への対応については、国防部が所管する統合防衛法により対応がなされる。統合防衛法は民防衛基本法と内容が重なる部分はずいぶんあるが、趣旨目的が異なるとされる。統合防衛法は「敵の侵入・挑発やその威嚇にあって、国家総力戦の概念に立脚して、国家防衛要素を統合・運用するため統合防衛対策を樹立・施行する」ことを目的としているのに対し、民防衛は災難等から住民が身を守るためのものである。また、統合防衛協議会は国防軍、警察、民間、行政が円滑な協力を図るための組織であるのに対し、民防衛協議会は文民が中心である。

9　民防衛隊の活動事例

1996年（平成8年）に北朝鮮のゲリラが上陸したときは、山狩り等は軍と予備役が実施し、民防衛隊員は戦闘員ではないので、地域住民の避難と後方支援を担った。また、中国の飛行機が墜落した際に、建設部長官が行政自治部に要請し、地域の民防衛隊が活動した実例がある。

サッカーW杯でも、テロ対応のため技術支援隊が動員された。ただちに災難対応というわけではないが、そもそも民防衛は法律による動員といった強制的なものというよりは、助け合いの精神によるものであることによる。

第３節　スイス

1　民間防衛の目的

スイスの民間防衛の目的は、民間防衛法に基づき、災害、緊急事態及び武力紛争からの住民の保護を目的とし、このような事態からの復旧に寄与するとともに、人道的目的にも貢献することである。連邦政府では、法務・警察省の管轄にあった連邦市民保護庁が、2000年（平成12年）から連邦防衛・住民保護・スポーツ省の下､連邦民間防衛局となっている。

その任務として次の八つがある。

・住民への情報提供

・警報及び住民への行動指示の伝達

・住民保護

・救援・支援

・患者の看護

・要保護者の受入・収容及び食糧支給を行う支援

・緊急救助措置を行う邦及び自治体の支援

・文化財の保護

2　民間防衛の組織

連邦政府では、先述のように、民間防衛を連邦民間防衛局が所管し、民間防衛に関する立法、統制と管理、研究と開発等を行っている。地方自治体では、民間防衛事務局を設置するとともに、連邦・州の措置の実施、住民保護を行う。住民保護は国民的な保護役務義務に基づいて（憲法第61条第３項）連邦制度の下で組織され、地方自治体や地域が主体となって行われる（憲法第44条）。

3　民間防衛の服務義務

民間防衛の服務義務としては、民間防衛組織は戦闘任務を負わず武器を携帯しない。スイスの市民権を持つ男子で兵役義務及び非兵役（民間役務）義務を負わない者すべてに民間防衛の服務義務（国内で38万人が登録）がある。この服務義務は20歳に達する年に開始し、52歳に達する年の末日に終了する。民間防衛の服務義務者は、その居住自治体の民間防衛組織に参加する。

4　住民の義務等

警報発令時、すべての者は、当局の行動に関する指示命令に従う義務がある。民間防衛組織又はその一部が出動したときは、すべての者に援助を義務付けることができる。

住宅の所有者及び貸借人は、民間防衛に必要な場合に限り、自己が使用している部屋を提供する義務がある。シェルターへの避難命令時には、その所有者及び賃借人は、シェルターの余分となった部分を民間防衛のために無償で提供しなければならない。

災害救助、緊急救援等の場合には、民間防衛に関する組織は、軍と同一の条件による徴発権（その任務のため不可欠であり、その有する手段ではその任務を遂行することができない場合において行使が可能）を有する。

5　運用の実態

民間防衛に従事する者は、就任時には、最初に各自の技術・専門分野に応じて配置され、最長5日間の訓練を受ける。仕事の内容は、災害時の救助、非常事態時における指揮監督・住民の保護救助・医療活動、シェルターの設置・シェルターでの食・住の世話や材料の輸送等、文化財の保護、警報・通信機能や有毒ガスの測定の対処、自助救済の指導などである。医者や看護師なども担当施設が定められており、有事の際には3時間以内に参集し、6時間以内に準備できるようになっている。

訓練は、基本的には各自治体毎に行うが、2～3の自治体が合同で行う訓練が数年に1度実施される（軍隊と消防隊が合同で実施することもある。)。

第4節　スウェーデン

1　スウェーデン危機管理庁（SEMA）の創設

スウェーデンでは2002年（平成14年）7月1日、冷戦対処の非常事態準備庁及び心理防衛庁を廃止・統合し、危機管理庁（SEMA：Swedish Emergency Management Agency）を創設した。

これは、冷戦の終結に伴い、軍事脅威の低下が見られると同時に、サイバーテロを含む各種テロ、大規模自然災害、大規模事故等が大きな脅威としてクローズアップされてきたことがその要因である。

2　SEMAの任務と民間防衛

社会活動は多くの分野で相互依存し複雑に関連しあっている。こうしたことから、平時の危機対処及び民間防衛のための計画立案及び資源配分は次の6分野の間で調整され実行される。

・防護、救助及び救護
・危険な感染性病原菌、有毒化学剤、放射性物質の拡散
・技術インフラ
・輸送
・経済安全保障
・各分野ごとの全体調整、相互作用、情報

SEMAは、関係する多くの公的機関を調整し、脆弱性の克服、危機管理能力を高めることを目指している。また、民間組織、地方自治体等との調整も実施している。

民間防衛は、戦時におけるものと、平時におけるものがあるが、平時においては軍事攻撃に対する社会の対処能力を強化する活動として行わ

れる。したがって、民間防衛は組織ではなく各種組織が実施する一連の活動である。一方、戦時では、民間防衛と軍事防衛が一体となって対処されるもの（全体防衛）であるので、スウェーデン国防軍と多くの民間組織、地方公共団体、企業間の緊密な協力・調整が必要となる。

3　ＳＥＭＡの組織と活動分野

SEMAの組織は図４のとおりであり、その活動分野は大別して五つの分野に分かれる。

図４　SEMAの組織

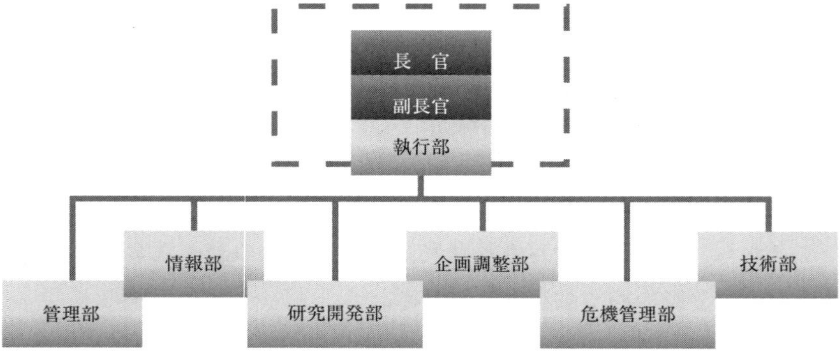

1　分析・研究活動

・社会の発展、国際環境、社会の重要活動の相互依存性の分析
・危機管理に関する研究開発の調整
・国家情報安全態勢の確保

2　危機対処組織の管理

・危機管理に関する国家活動への資源・予算配分に関する政府への提言

・上記国家活動の監督、調整、指導

③　**地方管理組織支援**

・危機管理活動に関わる各地方自治体、地方管理委員会等への各種支援（情報網の整備、危機時の通信能力の強化等）

④　**民間組織等との連携の促進**

・公的機関と民間組織の相互活動の促進

・ＮＧＯや宗教団体の保有する能力を危機に際し活用するための施策の実施

⑤　**国際協力**

・諸外国の同種組織との協力

・ＥＵによる危機管理協力、ＮＡＴＯとの共同又はＰＦＰ（Partnership for Peace）枠で実施される危機管理協力に参加する政府組織支援

4　全体防衛体制

スウェーデンの国防は、軍事防衛を中心とし、これに市民防衛（人民の保護・救護）、経済防衛（必要な物資の供給確保）、心理防衛（国民の国防意識の高揚）などを一体化した全体防衛体制となっているのが特徴である。国民の責任については、法律で、16歳から70歳までの全国民が市民防衛に参加することが規定されている。また、在留外国人も、軍事防衛を除き、国防責任を有する旨の規定がある。

＜スウェーデンの全体防衛のポイント＞

・国民の責任が明確化

・国防に関する広汎な法制整備

・民間防衛の体制・態勢の整備

・国民の責任について、法律などで16歳から70歳までの全国民が全体防衛に参加
・在留外国人の軍事防衛を除く国防責任

第5節　北大西洋条約機構（NATO）

1　NATOの「民間非常事態計画」(Civil Emergency Planning)

NATOにおける民間防衛への取組みの柱として、「民間非常事態計画」（Civil Emergency Planning）がある。

「民間非常事態計画」は、「戦争、災害その他の非常事態において、民間資源・施設の利用を可能とするとともに、こうした非常事態の下で市民生活を維持する」ため、「国家レベルの計画に基づく活動（national planning activity）を調整すること」とされる。

具体的には、

- 北大西洋条約（以下、「条約」という。）第5条（一又は二以上の締約国への武力攻撃を全締約国への攻撃と見なし、それに対して個別的又は集団的自衛権の行使による集団防衛により締約国を援助することを規定）の下に行われる同盟の作戦行動に対する民間の支援
- 条約第5条によらない危機対応作戦（Crisis Response Operation：1999年（平成11年）4月のNATO50周年記念首脳会議（ワシントン）において採択された「新戦略概念」では、冷戦終結後の情勢変化を踏まえ、NATO加盟国周辺地域での地域紛争等が加盟国に波及する事態を安全保障上の脅威として認識した上で、これまでの集団防衛の任務（5条任務）に加え、域外地域を対象とした紛争予防、危機管理等が、一定の条件（全会一致、案件毎の審議、条約第7条の遵守）の下で、新たな任務「非5条任務」として加えられた。）への支援
- 民間非常事態に際して加盟国当局への支援

・加盟国当局による、大量破壊兵器（WMD：Weapons of Mass Destructionの略。核・生物・化学兵器（NBC兵器）を指す。）に対する住民防護への支援

などを確保するものである。

これにより、

・政府の存続
・社会経済生活の維持、具体的には海運、陸運、民間航空、エネルギー供給、食糧供給と農業、工業、通信の維持
・住民の防護

などを図ることとしている。

また、「民間非常事態計画」に関連して、以下の組織が設けられている。

1 民間非常事態計画高級委員会（SCEPC: Senior Civil Emergency Planning Committee）

NATOの「民間非常事態計画」の立案に際して核となるのが、SCEPCである。SCEPCは、安全保障投資・兵站・民間非常事態計画政策担当事務次長（Assistant Secretary General for Security Investment）により主催され、加盟国の民間非常事態計画所管組織の長により構成される本会議（Plenary Session、年２回開催）と、NATO事務局の民間非常事態計画部長が主催し、加盟国のNATO駐在官がメンバーとなる常設会議（Permanent Session、最低年８回開催）とによって構成される（名目上は、本会議の主催者は事務総長）。SCEPCは、NATOの最高意思決定機関である北大西洋理事会（NAC）に直接報告する責任を有する。

なお、平和のためのパートナーシップ（PFP：Partnership for Peace 1994年に発足。NATOと非NATO欧州各国との間で、各国の実

情に合わせ、危機管理、平和維持、民間非常事態計画などの分野で協力を進めるもの。現在、30ヶ国が「枠組み文書」に署名して、メンバー（パートナー国）となっている。）の活動において、民間非常事態への取組みも重要な一部分を占めていることから、少なくとも年4回は、常設会議にPFP活動と密接な関連を有する欧州・大西洋パートナーシップ理事会（EAPC：Euro-Atlantic Partnership Council、NATOと非NATO加盟欧州諸国との政治的協力関係及びPFPによる協力を一層促進するため、1997年（平成9年）に発足。現在46ヶ国がメンバー）参加国も出席することができることとなっている。また、EAPC参加国を加えた拡大本会議も年2回開かれている。

2　計画委員会（Planning Board, Planning Committee）

SCEPCの下、技術的な細部について検討するため、八つの計画委員会が設けられている。このうち、住民防護に関係するものとして、市民防護委員会（CPC: Civil Protection Committee）と合同医療委員会（JMC: Joint Medical Committee）がある。CPCは、細部にわたる検討を行うため、探知、警報、重要施設防護、広報、住民避難等分野別に分かれた小委員会を有するほか、市民防護に係る問題について、他の委員会とも調整を実施する。また、JMCは、主な生物兵器に対する医学的対処法をまとめたほか、現在、化学兵器及び放射性物質に対する対応法についてもとりまとめつつある。

なお、CPCとJMC以外の計画委員会としては、下記のものがある。

・内陸交通

・海運

・民間航空

・食糧・農業

・工業

・民間通信

③ 欧州・大西洋災害対応調整センター（EADRCC: Euro-Atlantic Disaster Response Coordination Center）

EAPC域内で発生した自然災害やWMD関連の事件へのNATO及びパートナー国の人道的対応を調整するため、国連人道問題調整部（OHCA）との協議を経て、1998年（平成10年）に設置された。平時における大規模訓練の立案をはじめ、災害発生時には、支援要請の受付、各国からの支援申し出の調整、状況の確認と発表など、NATO加盟国及びパートナー国における市民防護に大きな役割を果たすことになる。

2　9.11後－WMDを用いたテロリズムへの対応

2001年（平成13年）９月の米国同時多発テロは、その後の国際情勢に与えた影響の大きさに鑑みれば、後世において歴史の転換点として記憶されるに違いない。この事件は、その後の国際安全保障のあり方に根本的と言ってもいい影響を与えた。NATOが、このテロを加盟国に対する武力攻撃と見なし、条約第５条に基づく集団的自衛権を、1949年（昭和24年）の創設以来初めて発動したことは、そのインパクトの大きさを示している。

しかし、テロリズムへの対応は、それが無差別性を有することから、軍事的手段のみでは不十分である。中でも、WMDを使用したテロへの対応は、それが与える被害の大きさを考慮すれば、特に重要である。この文脈の中で、NATOにおいて、WMDによる攻撃から住民を守るための取組みが、9.11以後の重要課題として浮上してきている。これについて、以下、国連テロ対策委員会（米国同時多発テロ事件発生直後の2001年（平成13年）９月28日、国連決議第1373号により設置された。安全保障理事会の全メンバーをもって構成され、国連加盟国によるテロリズム対策を強化することなどを目的としている。）の文書を基に説明する。

米国同時多発テロ発生直後の2001年（平成11年）10月、NACはSCEPCに対し、WMDが使用された際の加盟各国当局の対応を支援するNATOの能力向上を図るための努力を強化するよう指示した。さらにNACは、NATO加盟国のみならず、パートナー国を含めたEAPC全体としてWMD対策に取り組んでいくことを決定した。これを受け、WMD関連の大部分の取組みは、パートナー国の積極的な関与も得ながら進められている。さらに、同年11月には、EAPC加盟国の間で、WMD使用に対する準備体制に関わる活動を含んだ、包括的な「アクションプラン」が合意された。

2002年（平成14年）11月のプラハ首脳会合では、「アクションプラン」の全面的な履行が確認されるとともに、民間非常事態計画のパッケージを含んだ「テロに対するパートナーシップアクションプラン」（Partnership Action Plan Against Terrorism）に合意した。また、NATO加盟国とパートナー国が協力して、NBC兵器を用いたテロ攻撃に備えた民間の態勢（civil preparedness）の強化と、被害の最小化に取り組むことで一致した。

現在、NATOとEAPCは、「アクションプラン」と「テロに対するパートナーシップアクションプラン」の下、以下に挙げるような取組みを行っている。

- 各国のテロ対応能力（特にWMD対応能力）の評価、及びこれを通じての、各国間の協力が必要な分野の明確化
- 各国が最低限備えるべきNBC対応能力のガイドラインの提示
- NATO全体としての対WMD住民保護能力の向上
- 相互互換性（interoperability インターオペラビリティ：共同行動を円滑に遂行することができるようにするため、平素より、戦術、装備、後方支援、各種作業の実施要領などに関し、共通性、両用性

を持つこと）の向上
・NBC対応の医薬品や医療資機材の備蓄充実
・WMDによる被害を最小化するための各国における計画立案と訓練への支援
・テロ兆候の早期探知のための情報交換の強化
・警報手順の見直し
・重要インフラの特定
・WMD攻撃が、住民への食糧及び水の供給に与える影響の把握

さらに、EAPC全体としてのWMD対応能力を強化するために、EAPC加盟国の部隊が参加した大規模な実動演習が実施されている。これには、以下のものが含まれる。

— “Bogorodsk 2002”

ノジンスク（ロシア）で、2002年（平成14年）9月23日～28日にかけて実施。化学物質の生産工場が、テロリストに襲撃されたことを想定。13ヶ国から1,000人が参加。

— “Dacia 2003”

ピテスティ（ルーマニア）において、2003年（平成15年）10月7日～10日にかけて実施。サッカーの試合が行われているスタジアムで、「汚い爆弾」（ダイナマイトに代表される従来の爆薬と、使用済み核燃料棒などとを組み合わせたもの。市街地の数区画程度の範囲に放射性物質をまき散らすことを目的とする。核爆弾ではないので、核爆発を起こすことはない。大きさは、小さなスーツケースほどのものから、トラック１台、あるいはもっと大きな物体に至るまで、様々であるとされる。）が爆発したことを想定。18ヶ国から1,600人が参加。

以上に挙げた各般の取組みを通じて、NATOは、非加盟欧州諸国と共同しつつ、国際テロリズムという新しい脅威からの住民防護を一層充実すべく取り組んでいる。

第6章
戦時中の民間防衛を振り返って

国民保護法制が我が国に導入されていく中で、我が国の過去の民間防衛制度を振り返ってみることも一方で必要なことである。戦時中の資料はその多くが失われている中で、数少ない参考となる資料として、日本の戦時中の状況を米国側がまとめた報告書（米国戦略爆撃調査団報告）がある。そこには、戦時中の日本の防空体制や民間防衛についての報告があり、いかに日本が国民を保護するための体制が不備のまま大戦に突入していったかということが判明する。そして、その米国側の報告書をもとに研究した資料である東京大空襲・戦災誌も参考に加え、日本の戦時中の体制不備がどのようなものであったかを理解していくことは、これらの国民保護のあり方の検討に大いに資するものと考える。

第１節　ドゥリットル空襲

先ず紹介するのは、ドゥリットル空襲についてである。戦争初期の段階の東京空襲について理解してみたい。なお、以下の記述は秋山久氏の御理解を頂き、同氏のホームページ（『ネットジャーナル「Q」』http://www2u.biglobe.ne.jp/~akiyama/）から転載したものである。

東京が最初に空襲の被害にあったのは、1942年（昭和17年）４月18日正午過ぎだった。ハワイ真珠湾攻撃から約４ヶ月半後、日数にして132日目である。空襲したのは、ノース・アメリカンB25、16機で、指揮官ドゥリットル=James. H.Doolittle=中佐の名をとって「ドゥリットル隊の空襲」といわれている。

B25は、900キロの爆弾を積み、150メートルの滑走で離陸することができ、航続距離は3,000キロという当時としては画期的な攻撃機であった。

空襲の当日、東京まで1,235キロ離れた犬吠崎の東の海上で、B25は航空母艦「ホーネット」から発進した。日本側は、無線連絡で本土空襲近しと判断したものの、まだ1,000キロ以上離れていたので、飛来するのは19日以降と踏んでいた。日本軍の航空母艦は小型機しか艦載していなかったので、3,000キロ飛べる中型機を載せているとは考えつかなかった。

したがって、途中、日本側は反撃できないまま、日本本土へ飛来され、空襲警報は第一弾投下から14～15分後に出る始末だった。攻撃目標は軍事施設に限っていたというが、必ずしも守られていない。

警視庁の記録によると、東京攻撃は６機、他は川崎、横須賀、横浜、名古屋、大阪、神戸へ向かい、東京では、爆弾250キロ級６発、焼夷弾452発が投下され、荒川区、北区、文京区を中心に住宅が焼けた。死者39人、重軽傷者234人。

東部軍司令部は午後１時57分、ラジオを通じて次のような発表をした。

「午後零時30分ごろ、敵機数方向より京浜地方に来襲せるも、我が空・地両防空部隊の反撃を受け逐次退散中なり。現在まで判明せる撃墜９機にして我が方の損害は軽微なる模様なり。皇室は御安泰にわたらせらる」

ドゥリットル隊は日本全国十数箇所を奇襲攻撃し、死者約50人、重軽傷者400人の被害を与えた。攻撃機16機は日本上空では無傷のまま、中国、ソ連へ向かい、途中、搭乗員は落下傘で降下した。搭乗員80人のうち、8人は日本の捕虜になり、３人は死刑になったが、その他は大部分が無事帰国した。

この最初の東京空襲で軍部の面目はまるつぶれとなり、本土防衛強化へ向かい、国民の間では、連戦連勝の気分が飛んだ。その後、日本はミッドウェー海戦に破れ、日本軍は退却を迫られることになった。

このように、戦時中の日本の防空対応は、当初の空襲の経験を生かせないまま、戦争が進行し、戦争末期の各地の大空襲、そして原爆による甚大な被害を受けることになるのである。

第2節　広島の民間防衛

国会図書館に収蔵されている、「合衆国戦略爆撃調査団」の民間防衛報告の広島現地報告がある。1945年（昭和20年）10月10日から10月21日まで行われた広島市街における民間防衛現地調査班の報告である。原子爆弾攻撃以前及び攻撃時における当時の日本の民間防衛組織とその運営能力の調査である。民間防衛の職員の多数が死亡し、多くの装備が破壊され、ほとんどすべての記録が消失している中での調査であり、内容の精度に関しては物足りないものがあるが、今日的な視点でこれからの国民保護法制の議論を行うに当たり、当時の日本の民間防衛の実態を知っていくことは少なくとも議論の前提になる。そこで述べられている内容は、原子爆弾を投下した側の国の報告であり、民間防衛機能が役立たないほどの無差別大量殺戮を行ったことに対する贖罪の意思が読みとれないなどの問題点や、多少のバイアスのかかった視点が随所に見られるなどの問題はあるにせよ、戦時下の日本の大都市における民間防衛の実態を知る上で貴重な資料であると考えられる。以下、その概略を紹介したい。

1　8月6日の空襲警報

午前7時20分に空襲警報が発令されたが、上空に3機が襲来しただけであったので、午前7時40分頃には警報は解除された。少数機に対しては空襲警報は発令しないという方針があった。それで人々は日常の業務や仕事に就いた。爆発時には仕事に従事しており、ほとんど誰一人として防空壕に入っていなかった。原子爆弾の爆発時に異なった条件下にあったならば死者数と破壊の程度がそれほど高くなかったという可能性はある。

2　民間防衛対策

広島地区においては人々は戦争当初から空襲はありうると考えていたと推測できる。空襲から市民を守る必要性は自覚していたが、一部住民の無関心な態度のために準備が行われなかったことは明らかである。しかし、1940年の初めには関心は高まり、従前よりは真剣になった。米軍機による主要都市への爆撃が始まると、一定の防護対策が広島でも当局によってとられた。防火帯は既設の道路を広げて造られ、重要建物や橋の周辺は建物が取り払われた。5ヶ所に3万坪から6万坪の広さの防火帯、避難場所が造成された。川舟は確保され、いかだが作られ、避難時に使うために川岸に係留された。救命帯が配給され、防空壕は着実に改良された。消火の技術は数種の爆弾に対処するために調整された（図1参照）。

図1　広島市のケース

合衆国戦略爆撃調査団民間防衛報告No.1（広島現地報告）より

《1945年10月10日～21日調査》

民間防衛対策

広島地区において、空襲から市民を守る必要性は自覚していたものの、一部住民の無関心な態度のため準備が行われなかった。

米軍機による主要都市への爆撃が始まると、一定の防護対策がとられた。その対策とは次のようなものである。

1）既存道路の拡張による防火帯造成、重要建物や橋周辺の建物の除去
2）5ケ所に3～6万坪の広さの防火帯、避難場所の造成。
3）避難時使用のための川舟の確保及びいかだ作成
4）救命帯の配給
5）防空壕の改良
6）消火技術の爆弾対処への調整

3　民間防衛組織

各県知事は各県の民間防衛に責任を持っていたが、県警察部の長官に多くの権限を委任していた。県の他の幹部である行政部長、第一経済部長、第二経済部長、土木部長はそれぞれ固有の分野に関する民間防衛を行う義務を負っていた。例えば、第一経済部長は食糧の配給に責任を負っていた。県の民間防衛部門は警察局の内に設置された。そして二つの市消防局と28の警察官駐在所がこの管轄下に置かれた。民間防衛法案は内務省によって作られた。県の条例はこの部門によって公布された。警防団は、広島市警察署長によって彼の任命したリーダーを通じて監督されていた。これらの警防団長たちは広島県民間防衛協会と呼ばれる団体に組織されていた。警防団の中には、防毒、監視、海事、配給、救護、医療などの部門や防火組があった。民間防衛の手段が実行された基礎単位は隣組であった。県の消防学校が開設され、消防局職員や警防団から選ばれた人々がここで訓練を受けた。防空指導員は学校における指導を行うために派遣された（図２参照）。

図２　広島県の民間防衛組織

民間防衛組織

各県知事は県内の民間防衛に責任を持っていたが、県警察部の長官に多くの権限を委任していた。広島県の民間防衛部門は警察局の内に設置され、二つの市消防局と28の警察官駐在所がこの管轄下に置かれた。

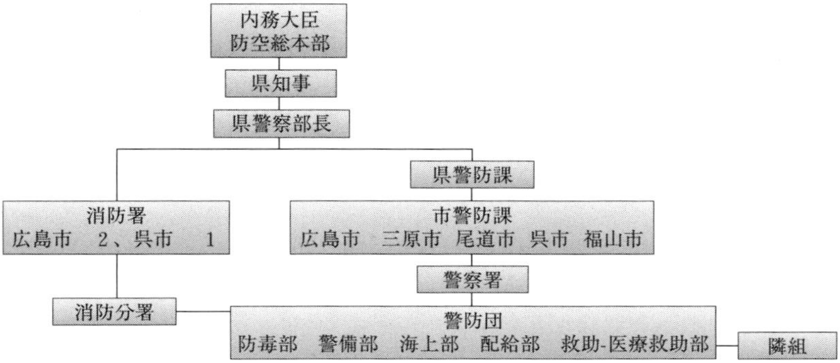

4　警防団

広島市の警察は宇品、広島東、広島西の３地区に分かれていたが、警防団もそれぞれの地区警察の下に三つの警防団があった。地区警察署長は基礎単位のリーダーを任命した。一般的にはコミュニティの中で能力もあり重きをなす男性が任命された。自発的な職員は市区内の住民から集められた。警報が出ると基礎単位の約３分の１が勤務に就いた。残りの者は空襲時に勤務に就くことになっていた。少数の抜擢された人々は県の防空学校で一日の訓練を受け、警察局の職員が防空問題について講義を行った（図３参照）。

5　隣　組

民間防衛体系を作り上げた日本の官僚がドイツの資料を手にしていたかどうかは分からないが、隣組のシステムはドイツの自衛計画によく似ている。両者の計画では、防空の義務と即座の行動は隣人たち自身によって行われた。隣近所9、10ないし20家族は隣組を作るためにグループを作る。全員の賛同によってリーダーが選ばれる。リーダーは隣組員たちに最新の家族防護の技術を教える責任があった。彼自身は新聞や、殊に防空必携などから情報を得ていた。隣組は、消火、救護、警防団が駆けつけて任務を引き受けるまでの初期救援など、いかなる緊急事態にも取り組んだが、警防団は隣組の援助を受けた。ただし、隣組の主要な機能は食糧配給であった。どの家庭にも救急箱が備えられており、庭には防火水槽があった。様々な補助的消火器は隣組の人たちが金を出し合って備え付けていた。井戸にはポンプを備えていた（図３参照）。

図3　警防団・隣組

警　防　団

警防団は、広島市警察署長によって任命されたリーダーを通じて監督されていた。リーダーは一般的にコミュニティの中で能力もあり重きをなす男性が任命された。

警防団の中には、防毒、監視、海事、配給、救護、医療などの部門や防火組があった。

隣　組

- 民間防衛の手段が実行された基礎単位。
- 隣組のシステムはドイツの自衛計画に酷似しており、防空の義務と即座の行動は隣人たち自身によって行われた。
- 隣近所9、10ないし20家族で隣組を構成。全員の賛同によりリーダーを選出。
- 隣組は消火、救護、警防団が駆けつけて任務を引き受けるまでの初期救援など、いかなる緊急事態にも取り組んだ。
- 隣組の主要な機能は食糧配給。

6　空襲警報

空襲警報は市の全域にわたって重要地点に設置されたサイレンによって知らされた。マスタースイッチによって同時にサイレンを作動させるシステムにはなっていなかった。各サイレンポストは、電話によって警報を発するように命じられていた。原爆が投下された時点で、より能率的な警報体系が設置されつつあった証拠が発見されている。

7　消防機構

組織及び職員

米軍占領時まで、広島市消防局は警察署長の下に広島西消防署と広島東消防署の二つに区分されていた。米軍は警察署長を解雇し、市はその後、広島西消防署と広島東消防署の二つの分離された消防署を有している。1943年10月に、市の消防設備を増強する必要性が認識され、消防局はすべての消防車を警防団の所有の下で統制しようと考えた。命令系統に関して、市消防局は、消火活動の指揮においては市民間防衛部にとって代わった。爆発以前の広島西消防署は6分署260人、ポンプ車27台、はしご車1台、広島東消防署は6分署180人、ポンプ車18台。

爆発後の調査時点では、西署で1分署117人、ポンプ車5台、東署で2分署85人、ポンプ車5台。

補助職員

戦争法令に従って、消防局を強化するために警防団員に対する計画が立てられ補助職員確保が図られた。西署では合計2,400人のボランティア職員を受け入れ、東署では1,200人が割り当てられるはずであった。しかしながら両署が使えた最大人数は、東署で約200人、西署で約400人であった。これは、コミュニティ組織に対する市民の関心が欠けていることを示すものである。

警防団員の訓練

警防団員の訓練は警察官の指揮下で消防局学校で行われた。訓練コースは広島県庁が作り、消火方法、ガス及び防毒、防空法令、初期防護及び蘇生法、消防局規則、機器の操作及び整備であった。訓練期間は1ヶ月で、この間35円が警防団員に支払われた。

工場消防組織

大工場には自身の消防組織があり、消防車も備えていた。

8　救急医療体制

活用可能な要員

広島市の救急医療計画と組織は広島県公衆衛生局を通じて行われた。広島市と近隣市の全医師は県庁に名前を登録し、要請があれば広島市に来るように要求された。全看護婦と助産婦も登録された。緊急事態の場合に、警察はこれらの医師と看護婦に通告する。必要な場合には、近隣地区や市は小学校を臨時の病院にするような計画があった。

訓練された要員

広島市にはおよそ288人の医師と、1,000人から1,200人の看護婦がいた。原子爆弾で53人の医師が死亡した。この調査の時点で約60人の医師が市内に留まっていた。他はよその市や地方に移っていった。

訓　練

医学的訓練や緊急時初期救護は非常に貧弱であった。週に一度、医師、看護婦、消防士が隣組長に医学的処置の講義を行った。隣組長は隣組員にその話を伝えた。やけどの初期救護、止血のための圧点、止血法、身体各部の包帯法などがその内容。ショックに対する処置の教育はなかった。麻酔は薬品が欠乏していたため初期救護処置では使われなかった。初期救護法はいくつかの学校、主として女学校で教えられた。初期救護についてはある程度印刷物によって教え込んだが、ラジオは使われなかった。

病院の収容能力

原子爆弾以前の広島市の病院の収容能力は1,000ベッド近くあった。陸軍は5病院を持ち5,000ベッドの収容能力があった。近くには海軍病院はなかった。原子爆弾以前に広島市内には緊急時の病院ベッドの準備はなかった。また初期救護所もなかった。

救急病院及び医薬品供給

広島市全体でも救急病院は10を数えるに過ぎなかった。 非常の場合にはトラック、バス、荷車、市街電車などを使う計画であった。各隣組は少なくとも一台の担架を持つことを要求されていた。プラズマは利用できなかった。民間用のモルヒネや他の麻酔薬は欠乏していたが、ワクチンは利用できた。少量のサルファ剤、殊にネオプロントジルやサルファピリジンはあった。やけどの処置のための亜鉛華、油脂類、その他の薬品を十分に市民は持っていた。原子爆弾投下以前には、包帯、綿や消毒剤は利用できたが非常に不足しているものであった。大半の医薬品は病院に蓄えられていたが、市外の５、６ヶ所の壕の中や建物の中にも蓄えられていた。

公衆衛生研究

広島市或いは周辺の市では最近どのような病気の流行もなかったが、過去２、３年の間には結核とかその他の伝染性疾患の顕著な増加が見られた。全市民は毎年、ジフテリア、天然痘、コレラ、チフス、腸チフスの予防接種を受けなければならなかった。

コメント

緊急事態の医療計画はどのような型の緊急事態に対しても全体として不適切であった。医療計画は、明らかに市の通信、輸送施設に依存するところが大である。原子爆弾によって、全通信、輸送施設は破壊された。それ故に医師を市内に派遣して行う医療計画はすべてうまくいかなかった。

9　防空壕

各家族はそれぞれの防空壕を持つように決められていたが、しかしそのようにはなっていなかった。隣組は即座に家族防空壕に入ることができない子供や虚弱者が利用するために大きなものを作った。人々は新聞、雑誌を通して防空壕の作り方を教えられたが、道具や材料が欠乏していたので指導どおりに作ることはできなかった。それ故に、もとの計画とは違ったものが作られた。しばしば防空壕は非常に変形されたので実際には落とし穴になることもあった。

10　疎　開

防火目的のために建物を取り払われた広島市内の地区では、不可欠な働き手以外の住民は市外での居住を強制された。一般の疎開は命令されることはなく、示唆されただけであった。その結果、疎開は大衆の冷淡な態度に比例した（十分に機能しなかった。）。

11　情報伝達及び大衆の訓練

新聞は働く人々の間に民間防衛対策を広めるのに使われた。例えば、防空壕は新聞に書かれた設計図と仕様書によって作られることになっていた。内務省発行の時局必携は、防空対策において他人を教育する責任を負うリーダーに活用された。防空総本部において作成された指導や命令、県からの指導や命令は、命令系統を通じていくつかの機関に流された。

12　財　政

民間防衛は一般的には地方で資金調達された。すなわち、市町村そして個人の寄付金によって賄われた。ごくわずかの金が帝国政府及び県からきたに過ぎなかった。広島県は約7万円を東京から受け取り、そのうちわずか4,000円を広島市に配分したに過ぎなかった。この金の大半は警防団が使った。市消防署の費用の半分は県の基金によって賄われた。他の半分は国庫補助金及び個人の寄付に依った。

13　コメント

県警察部長は、「原子爆弾爆発時に人々が遮蔽物の下にいたならば、火災の広がりをよりうまくくい止めることができたであろう、何故ならば、消防官や市民がより多く生き残っており、活動できたはずだからである」と述べている。隣組のリーダーは、「通常の焼夷弾空襲ならば、人力と利用可能な防火用具で処理できた」と言っていたが、この者は裕福な地域におり、それ故に立て込んでもなく土地にも余裕があったということを指摘しておかなければならない。この者の防火器具は平均よりも幾分よいものであった。インタビューをしたほとんどの人々は、民間防衛措置は原子爆弾の破壊力に対しては全く効果がなかったことを認めた。

第３節　東京の防空体制

次に記述するのは東京の大空襲を記録したものであり、東京空襲を記録する会によって編集された『東京大空襲・戦災誌』である。そのうち東京の防空体制について記述されている部分を出版社（講談社）の御了解を得て抜粋することとした。当時の東京及び日本の防空体制を理解する一助としていただきたい。

１　1943年７月１日以降の防空組織

1932年に東京府内の約84の郊外町村が計350万の人口を含む20の区に新たに再編され、旧東京市（15区、人口計200万）に加えられて、総人口550万となった。すなわち、市の管轄人口は一躍２倍以上となり、著しくその勢力を高めた。

この時期に民防空に対する公式の関心が初めて起こったが、それは偶然の一致ではなかった。東京があらゆる点で近代的であり、また民防空が最新の都市の最も近代的な問題であることを誇示することは新しい市当局の願望だったからである。

1932年から37年までと、またある場合はさらに28年にさかのぼって、民防空は日本の２、３の大都市、特に東京、神戸及び大阪各市当局のもっぱらの関心事であった。その時期においては、防空演習（実際は各地の軍当局の協力による実物教育）が毎年これらの都市で実施され、たまたまこれと同時に、飛行機、爆弾、都市及び防空壕の縮小模型の展示がデパート又は公共の建物において行われた。第一次大戦に使用された爆弾（主としてドイツ製のもの）も展示された。これらの演習は科学的であるよりもむしろ際物的で、一般に見世物的な興味をもって見物されたので迷惑が感ぜられた。一般の家庭の参加は毎年行われる灯火管制演習の場合の電灯遮光用の布を買う以上に出ることは珍しかった。

1937年4月5日の防空法の公布に伴い（これから7月7日支那事変が勃発）民間防空は国家と各都道府県の問題となり、東京はその権限の中心としてまたおそらくは民防空計画のモデルとなった。

防空法の直接の効果は混乱を生じさせただけだった。その時までは、市当局が責任を実行し、また権限を持っていたが、今や同法によって権限を与えられた各省がその担任範囲内で防空命令を発し始めた。これらの命令は調整されず、また時々矛盾を生じたからである。

この状況が東京において起こさせた混乱は、次の三つの別々の行政機関がそれぞれ活動したことによって生じたのであった。

① 防空計画の元締めであると考えていた東京市役所。

② 少なくとも法的には東京市を含む全東京府の計画と管理とに責任のあった東京府庁。

③ 市役所又は府庁の両方に対してではなく、政府（特に内務省）に対してのみ責任を持っていると考えていた（その組織は古くて、またはなはだ強固であった。）警視庁。

政治上の支配権に対する争いにおける義勇防空隊の再三の改編と度々の改称が実証したように、前項に起因する紛争は1937年から43年まで東京の防空組織と計画とを非常に阻害した。しかしこの時期において、防空計画で政治をもてあそぶことは、次の年に現実となろうとしていた空襲の脅威に当面して、ほとんど処置しえなかった日本としては贅沢であった。

2　1943年7月1日以降の防空組織（東京都の誕生）

1943年、再び①東京市、②東京府、③警視庁との間における権限の縄張り争いがあまりにひどくなったので支配力を統一しようとする努力が払われた。

1943年７月１日に市と府は廃止され、それらの権限は東京都（これは米国コロンビア特別区とだいたい比較できるような、日本において唯一の新しい政治の型式）としての全般行政の中に統合された。この新しい都庁は民生局、教育局、経済局、計画局、交通局、港湾局、水道局及び防衛局の８局を含んでいた。

この新都庁は次の地理的に分けられた42の地区を統括した。①35区、②三多摩（北、南及び西多摩）地区、③四つの島群－大島、三宅島、八丈島及び小笠原諸島（本報告中に含まれていない。)。これらの地理上の小区分は､重要な局地防空の機能を実行する局地行政組織を含んでいて、その局地ごとの義勇防空組織に緊密に連繋していた。

3　警視庁

警視制度は江戸時代に創設され、1882年に警視庁として近代的に改編された。それはがっちりした中央集権的な保安機関であり、秩序の維持のため広範な権力と仮借のないやり方の実行に慣れていた。この機関は府又は市のどの機関からも命令を受けたことはなかったが、政府すなわち閣僚に対してのみ責任を負うものと考えられていた。それ故に実際に防空活動を助ける義勇組織（元来は市当局によって創設された。）に対しても命令と統制とを行った。

4　東京都の防空活動と警視庁のそれとを調整するための努力

1943年７月１日の法律の立案と、東京都及び警視庁に対する基本方針の指示を行う責任のあった内務省は、同一地区内で活動する全く別々の二つの政治機関の存在に含まれる危険を明らかに認識していた。

そこで権限の重複と衝突とを防ぐような方法で各々の責任を定める努力がなされたが、防空事項においてはそれがうまくいかなかった。新しい緊急問題に対し迅速な処置を要する場合、二つの政治体の間のみならず、その二つの内部の各部局の間にも衝突が避けられず、そしてこれらの困難がたちまち悪化した。

東京都制の創設後４ヶ月以内に帝都防空本部が創設された。

5　帝都防空本部の管理機構

警視庁と東京都庁との間の緊張した関係に対して、必然的にこの両者を包含する帝都防空本部の設置に際し、かなりの考慮がなされた。

新しい職員をこの目的のため任命せず、防空本部は警視庁内と都庁内の各部局をまとめるための連絡調整機関とされた。すなわち、①各部局の防空任務を定め、②合同防空計画を定め、③空襲間（又は火災、洪水或いは地震によるすべての重大な災害間）の活動の指揮のため、統一された唯一の緊急組織として行動するため。

都長官は彼の職務内に以前市長と府知事との両者の有した勢力を持ち、また警視総監より高い統治上の地位を持っていたので、都長官が帝都防空本部長とされることが当然であった。

都副長官と警視総監とは防空本部の次長となった。この本部内に13の部課があり、その中の八つでは副長官の直接指揮下にある都庁の部局長が長であった。また五つでは、防空本部次長である警視総監の直接監督下にある警視庁の部局長がその長であった。防空本部の全職員は二つの地位を持っていて、内相の推薦の上で内閣の命により、都庁又は警視庁から任命された。防空本部の書記や事務官は皆都庁又は警視庁から差し出されたので、彼等もまた内相の任命した非常勤者として二つの地位を持っていた。防空本部の各事務室は都庁舎の２階にあった。

6　理論と実際における組織と活動

当時理論上は都長官の下の帝都防空本部は空襲間の緊急活動を計画実

施するための中央行政機関であった。

実際上は、防空本部はどの方面から見ても真の本部ではなく、むしろ二つの基本の政治機関と彼等の代表する多くの部課との間の不和を和解させ、その状態下で可能な程度に計画と調整とを実行するため、時々堅苦しい緊張した空気に包まれた大型の面倒な委員会であった。したがって、警視庁は防空活動に関するその権限を侵害するすべての力に対し断固として、また有効に抵抗した。

その事項について、警視庁は昔からよく統合された強固な組織を持っていた。それは内相及びその他の閣僚と直結していて、天皇、皇族及び「他の高官」に対し護衛をつけ、またよく組織された秘密機関の力を持っていた。人員と組織とにおいて、それは秩序を維持するよう特に配慮され、また誰でも分かるように、火災、洪水又は地震による緊急事態を処理するための伝統ある機関として圧倒的に優越していた。警察当局がしばしば言明したように、“市民にとっては空襲のあった場合警察に世話を頼むのは自然であった”。

これに反して、都庁はちょうど創設されたばかりで、その職員は従来の市役所と府庁から引き抜かれたものであるが、互いに官僚的支配をねらって争っていたので、空襲間実際に活動するための人員も組織も持っていなかった。

防空本部長としての東京都長官は法制上は計画を立案し警視総監に対し指令する権限を与えられていたが、実際には警視庁は防空本部の決定を無視して、それ自体の計画を作り、適当と考えるやり方で実際の防空活動を指揮していた。陸軍に援助を求める以外には、都庁には防空活動を指揮しうる人員も組織もなかった。

したがって、実際には、東京の防空は統一した計画に基づかない二種の計画から成っていて、これらの計画は部分的に調整されたのみで、それは防空本部を通じたものというよりむしろ主として内相による政治上の指令を通じて実施されたものであった。

防空活動の時間的調節と性質に関する概略の調整もまた、実際の空襲と彼等自体の組織とによって二つの政治機関に無理に強いられた。

7　空襲中における防空本部の機能

防空は1944年の空襲とともに理論の時期から実際の活動に入った。長期の計画と管理とを要するある機能は明らかに都庁の権限内に残っていた。

しかしながら、不完全な調整のために、おそらく都庁側の責任であった防空活動に関しては不明確さが随所にあったが、その点に関し都庁は空襲間の活動に何等の統制をもなしえなかった。

そういう場合に警視庁は十分な責任を持ち、状況これを要すれば防空の全面にわたって責任をとるに躊躇しなかった。空襲下においてそういう決心をするのに警察は上級当局の権限を認めなかった。

こうして、都衛生局の管轄下の病院は任意に使用することができ、教育局管下の学校の建物は空襲による死傷者収容のため占用し、また経済局の設置した非常食糧交付所が開かれ食糧が配給された。

これらと類似の活動は、たぶん主管の機関の策定した計画によらず、警視庁独自の決定によって行われた。例えば、警察は疎開、応急手当、緊急居住及び被災者に対する緊急給食は空襲中のみならず、その後警視庁の必要と認めるときまで、以上の事項を統制した。この決定は人命と公共の秩序に対する危険の激化に関して総監の決断に基づいた。また警察が負傷者を３～５日間管理した後、なお手当を要する者は厚生省の責任に移された。

こうして、もっとも重要な決定と、空襲間とその後の緊急期間におけるすべての重要な活動に対する統制とは防空本部よりむしろ警視庁の統制下にあった。

そういう制度は調整しうるとは、ほとんど考えられなかった。その制度は、都内に多くの機関を—それらに対して帰せられるべき権限と責任の時期と場所とが不確定のままに—残し、以前に定められた計画を破壊した。しかし各部課が空襲間その行動の範囲内で行動を指令しがちな制度よりも有効に働いた。とにかく実際に用いられた制度は当時政治的に、実行しうる唯一のものであった。

8　空襲間防空活動の指揮系統

東京の防空に対する本来の指揮系統は次のとおりであった。

① 警視総監—（彼に対し行動命令でなくて一般政策指令を与える内相を除外として）民間防空において彼の上級者はなかった。

② 警視庁—総監及び空襲間の計画と実際活動に関して情報と勧告とを与える警務部長（一般幕僚と見なすことができる。）を含む。

③ 次の3部の防空上における関係は次のようであった。

（イ）警務部は全般の監督及び秩序の維持

（ロ）消防部は消火作業

（ハ）警備部は救助と緊急勤務

④ 地区警察と消防署とは次のものを含み、前記の部の命令を実行するため、都内に戦略的に配置されていた。

（イ）正規警察隊

（ロ）正規消防隊

（ハ）正規救助及び機動警察隊

⑤ 上に挙げた正規警察隊の監督下の補助警察と補助消防隊（警防団）。

⑥ 強壮な成人は全部10〜20世帯毎に隣組に編入されていた。

9　結　び

防空組織に関する東京の経験は日本の官僚主義の典型である。何とかして官僚的な諸問題を解こうと望んで組織を作る傾向は日本だけに限らず一般的に人間の弱点である。しかし、東洋的な面子の強調が、結局その背後で官僚の役所が仕事をする正面である組織図表の重要性を誇張しすぎるきらいがある。日本語は非常に丁寧であるがしゃくにさわるほど不明確であり、日本の編制表は矛盾と不正確さを隠すことができる。

戦時状態下の行政の明らかなむずかしさに加えて、東京の防空組織は次の三つの弱点に悩んだ。

① 調整されない二元性。

② 権限及び職能に関する明確な定義を欠くこと。

③ 政治的現実に対する認識のなかったこと。

その結果、可能性の実行にほとんど関連のない機構の設置を見るのみに終わり、こうしていたずらに全面的な混乱を加え、これが東京都における防空活動につきまとった。

以上「ドゥリットル空襲」、「広島の民間防衛」、「東京の防空体制」を例にとり、戦時中における日本の民間防衛体制と防空体制の現実を振り返った。

結局、第二次世界大戦も、国内の国民を保護するという基本的な準備をしないまま戦争を遂行してしまったということである。沖縄戦の経験があり、竹やり訓練を行わされ、それが民間防衛だというように誤解されがちであるが、概念が全く異なっているのである。国民を保護する体制がない中で、あのような悲劇が起きたと、我々は理解すべきなのである。

第 7 章
参考資料

本書の主旨である国民保護を考えていく上で、読者と共有したい参考資料がある。我が国において長年にわたり民間防衛制度の必要性を説き、そのあり方を研究されてこられた郷田豊氏、日本の安全保障問題を鋭い角度から指摘されている青山繁晴氏、そして、米国国土安全保障省FEMAのマイケル・タミロウ課長による最近の米国における危機管理の体制強化の講演をまとめた務台俊介の手による資料である。関係者の御厚意によりここにそれを紹介させていただく。

第１　緊急事態における住民保護のあり方
―郷田 豊氏　平成14年３月消防庁での講演より―

いびつな日本の有事法制研究と政府・国会の取組み

現在の有事法制の議論というものは、国全体のあり方から考えると大変いびつなものです。それは具体的には防衛偏重、軍事偏重ということです。なぜそうなったか、これは非常に大切なテーマでありますが、昭和40年２月10日のいわゆる「三矢事件」がきっかけと考えられます。

非常に広い範囲で国家の安全保障、防衛のあり方について、防衛庁以外の所管事項についても、約53名の自衛官が昭和38年「統合防衛図上研究演習」(「三矢研究」) として行った極秘文書が漏れたのです。

これが社会党の手に渡り、社会党の岡田議員が告発したわけです。そのとき予算委員会が５月末まで空転しました。佐藤総理大臣のそのときの第一声は、「それはゆゆしきことだ」というものでした。その後３ヶ月の審議の間に、佐藤総理大臣は何回も、「国の防衛について責任を持つ自衛官がこういう研究演習を行うことは当たり前だ」ということを述べましたが、最初の第一声が悪かった。「それはゆゆしきことだ」と言ってしまったために、きちんとした議論がないまま、最終的には、防衛庁防衛局長の名前で「この三矢局長の文書は防衛庁の正式な文書ではありません。いわゆる防衛計画であるとかそういうことではありません。単なる図上研究演習の文書です」と回答したことにより、「それならすぐに廃棄しなさい」ということになり、それに加え演習統括官であった田中陸将が秘密漏洩で処罰されることで終わったのが三矢事件なのです。

その事件の12年後、昭和52年に福田総理大臣の指示によっていわゆる有事法制の研究が始まりました。しかしそれは「頭に枠がかぶせてある」研究でした。「自衛隊の出動を効率的にするため」の有事についての研究です。自衛隊の出動に関連することだけで、第１分類、第２分類、そして第３分類と分け、第１分類は防衛庁の担当、第２分類は各省の担当とはっきりしている事項、第３分類はどこに所属するか分からない事項、というように分けた研究です。第１分類は完了、第２分類は目次の整理が終わった、第３分類は手つかずという状況で、有事法制の議論が行われてきたわけです。「羹に懲りて膾を吹く」という諺がありますが、三矢研究でお叱りを受けたものですから、日本における有事法制の研究というのは、「自衛隊の作戦を効率的にするため」という枠の中だけで行われてきたわけです。国の安全保障とか防衛というものは、軍隊の作戦を効率的にすることだけで成り立つものでは決してないのです。他に非常に重要な問題があります。エネルギーをどうするか、食糧をどうするか、国民生活を安定させるために交通や通信の確保をどうするか、あるいは国政の中枢の機能維持を有事においてどうするか、あるいは自治体の機能維持はどうするのか。国の安全保障というのは「自衛隊の作戦を効率的にするため」というような小さな問題ではありません。非常に大きな問題なのです。そのような前提で検討されてきたのが今回の有事法制であり、日本のような世界のリーダーであるべき国が行う国家の安全保障防衛の基本政策としては、非常にいびつで不十分なものなのです。

国防は自衛隊だけでは達成不可能

そこで、世界の主要な国々がどういうことを行っているのかというと、国の安全保障・国の防衛というものは、軍事と非軍事の二本建てで考えるのが常識です。日本が自衛隊を作ったときには、このような体系的な議論は全く行われなかったのです。

スイスでは「民間防衛なくして国防なし」というのがモットーです。

このモットーの下で７年間の大論争を行って、でき上がってきたのが今日のスイスの国防体制です。

ドイツは、日本よりも遅れて有事法制の研究に着手したのですが、１回廃案になり、キジンガー内閣のときに、1968年に成立した有事法制がありますが、その有事法制案を国会に提出したときのドイツ政府の提案理由書の第一項目には、「国防は連邦軍だけでは成り立たない」と、はっきり書いてあります。つまり国民の防護、国民生活の安定がなかったならば、連邦軍がどんなに頑張っても、防衛は成り立たないというわけです。

韓国には、1970年の「戦時五大法案」があり、その中の一つが韓国の「民間防衛基本法」です。この民間防衛基本法によって、韓国の国防は、朴大統領の時代に初めてきちっとした二本建てになったのです。おそらくアジアではもちろんですが、世界に冠たる民間防衛、国民保護の態勢ができているのがお隣の韓国なのです。

アメリカのＦＥＭＡも同じです。ＦＥＭＡと言いますのは、阪神大震災のときに有名になりました「連邦緊急事態管理庁」です。実はこの機関は1979年にソ連がアフガニスタンに侵入したときにこれは危ないということで、カーター大統領の特命によって大統領直轄機関としてできたものです。ＦＥＭＡが何を行ってきたのかと言いますと、全米420ヶ所を高危険地帯に指定して、戦略基地、重要な軍需工場地帯、交通の要衝、主要な都市、それを完全に守ることができる民間防衛の体制を作り上げたのがＦＥＭＡです。そしてその体制の中で全米をカバーするＦＥＭＡ固有の通信網を維持して、今日に至っているのがＦＥＭＡです。これによってアメリカは完全な二本建てになったわけです。それから、アメリカを盟主国とするＮＡＴＯも同様のことを行いました。1970年代の半ばから80年代にかけて、ＮＡＴＯ本部に、「民間非常事態計画委員会」Civilian Emergency Planning Committeeというのがありますが、これが営々としてＮＡＴＯ加盟国のシビールディフェンス、シビールプロテクション、シビールエマージェンシー、プランニングの態勢をチェックしました。そうして築き上げたものによって、ワルシャワ条約機構とソ連邦は崩壊することになったというのが、ＮＡＴＯとアメリカの軍首脳に共通した見解です。

日本はそのことに気がついていません。こういう諸外国の主要な例があってこそ、今日の冷戦構造崩壊後の世界の秩序が、なお維持されているわけです。我々はそのことを考える必要があります。日本は単独の国としては、アメリカに次ぐ国力ナンバー２です。これにＥＵが加わり、三極で世界をリードするのですから、政府も与党も日本の世界に占める地位を十分に理解をして、国としての基本的体制を整備し直す必要があるわけです。

第二次世界大戦中の防空法等をめぐる教訓

第二次世界大戦の最中に、戦争に備えて、内務省の先輩の皆様方が、大変苦労して防空法というのを作りました。しかし、日本の法制、機構、指揮統制、教育訓練、そして被害を見ますと、大変残念ながら、この戦争、特に末期における日本の状態というのは、政治は外交、内政とも機能しているとは言えない状況にありました。被害について言いますと、爆撃だけについても死者が約90万人、負傷者180万人、空襲を避けるために疎開した人が850万人です。そして全国民の３分の２が空襲を体験しました。投弾量は、ドイツの10分の１もないのに、なぜそれほどの大きな被害が出たかというと、都市の構造の違いなど物理的な条件もありますが、アメリカの「戦略爆撃調査団」が指摘しているとおり、計画作が非常に遅かった。国民の保護に関する諸々の施策が非常に遅れた。その最大の理由は陸軍の空襲についての見積もりが甘かったことです。

防空法は、昭和12年に成立したのですが、昭和14年、16年、18年と続々と改正せざるをえませんでした。このように何回も法律の改正が行われると、国民はついていけません。したがって、訓練は不十分で、組織としては十分に能力を発揮できません。アメリカの調査団の報告によると、組織に統制力が欠けていた、加えて誤った見積もりと指導力の欠如が、この被害を大きくした最大の原因であると指摘されています。このことは、我々が有事法制についていろいろ考えるときに、沖縄における悲惨な実態を含め、やはり一度はよくよく見ておかなければならない教訓であると思われます。

日本の国民保護法制が具備すべき基本的機能

これからの日本の国民保護法制が具備すべき基本的な機能は四つあると考えています。

一つは「国や自治体の機能をきちっと維持する」ということ。伊勢湾台風の後で我が国は災害対策基本法を制定して、ある程度の体制を整備してきました。しかし、テロ、ゲリラや正規の武力攻撃などとなりますと、災害対策基本法ではカバーできません。災害の場合は、自衛隊は被災地の支援ができますが、テロ、ゲリラや正規の攻撃などの場合は、自衛隊は敵と戦っているわけですから、民間部門に軍事以外にきちっとしたそれだけの組織体制を持っていないと成り立たないわけです。また、自然災害や人為災害というのは一過性であり、局地的です。しかし、テロ、ゲリラ、戦争災害というのは、相手が「参った」と言うまで、あるいは政権中枢に対して厳しい攻撃が加えられます。一過性ではなく、継続して執拗に攻撃が行われるわけですから、これはただ事では済まないわけですし、できるだけ万全の体制をとらなくてはならないのです。

二番目に「国民の保護」には予防、被害の局限、被害の復旧という三つのステップがあります。予防が最も大切でありますが、日本では航空自衛隊という防空について責任を持つ、近代的な空軍があります。しかし、なんと驚くなかれ、防空警報のシステムがないのです。ひどい国です。近代的な空軍を持っていて、防空警報がない国家というのは本来ありえません。昭和51年、函館にミグ25が着陸しましたが、このとき国民に知らせる手段がなかったのに、それが国会では議論にすらならないのです。日本は異常な国なのです。国民の保護の中では予防が最も大切です。どうやって警報を適切に国民に周知させるかということが最も重要です。被害の局限とか被害の復旧とかというのは、その次に来る課題です。

三番目には、「国民生活の安定」があります。国民生活の安定には二つの局面があります。一つは経済の安定、一つは治安の安定です。これを、中央政府がきちっとした対策をとって、国民生活の安定についての配慮を示し、地方自治体がきちっとした体制で国民の生活を安定させることです。そして、地に足の着いた施策を行うことが必要です。国民生活が不安定な中で、食糧がない、治安も悪い、あるいは通信が途絶するとどうなるか。世田谷のケーブル火災のような事故ですら、２週間も３週間もある特定のエリアの銀行の金がおろせなくなるのです。テロでそのような攻撃がある広範囲な地域に加えられる、新幹線が止まる、電話が通じない、電報が配達されないなどという状況になったなら、自衛隊の出動どころではないのです。国民生活の安定がなかったら、国はその後始末に追われて、外からの攻撃に対応できなくなります。

最後は、「自衛隊に対する支援」です。これはどこの国の、またどこの国のシビールディフェンスにおいても、基本的な任務です。中央政府が有事において指示することを、自治体は100％きちっと行わなくてはなりません。「神戸の港に軍艦は入れません」なんていうことを言っていたのではだめなのです。したがいまして、自衛隊に対する支援ということも、きちっと制度化する必要があります。

有事法制における国会の機能の重要性

日本の有事法制のあり方について、大きな柱が三つあります。一つは非軍事と軍事の非常事態計画をきちっと調和のとれたものとして、国民の前に示していくことです。日本はともかく、警察予備軍、保安隊、自衛隊と順に作ってきましたが、非軍事については何も行っていません。二本柱の一つが全然ないわけです。そういう中では、自衛隊がどんなに一生懸命国を守ろうとしても、十分に機能することは非常に難しいことです。世界の国は、二本建てで行っていることをもう一回よく確認して、政府は基本法によってその姿勢を国民に示すことが必要です。

二つ目は、国会と内閣の役割の明確化です。有事法制の議論における最大の問題点は、国会の機能についての議論が非常に欠落しているということです。普通の国では少なくとも「宣戦」と「講和」、「戒厳令」は国会の権限です。国会が認定をし、政府が執行するというのが基本です。日本の有事法制の議論では、そのような本音の議論が全く欠落したままです。自衛隊の出動については、防衛出動なら宣戦布告が必要です。重大な問題です。講和についても、普通の国の憲法では、宣戦布告と講和と戒厳令、これは韓国の憲法を見ましても、中華人民共和国の憲法を見ましても、アメリカ合衆国、ドイツ連邦共和国でありましても、すべて国会が中心です。

特にアメリカは、湾岸戦争で威信を回復しましたが、ベトナム戦争に敗北しました。あれだけ強大な、軍事的にも経済的にも圧倒的に北ベトナムよりも優勢だったアメリカが、ベトナム戦争に敗れたのです。そこで、アメリカは、ベトナム戦争の敗因に関する研究というのを真剣に行いました。そのときの検討要素になったのは、東洋の「孫子」と西洋のクラウゼヴィッツの「戦争論」です。この二つによって、ベトナム戦争の敗因を研究した結果、奇しくも「孫子」と「戦争論」で一致した結論は、「国家・国民・軍隊の三位一体」が欠けていたというのが、ベトナム戦争についてのアメリカの反省です。国民は家のテレビで、ベトナムで戦っている戦争の状態を見て、あんな戦争は止めたほうがいいと言っていたのです。北爆や、ハノイの封鎖についても、ソ連が出てきたり中国が出てきたりしたら困るといって、政府は軍隊の手を後ろに縛ったのです。アメリカは枯葉剤まで撒いて猛烈な戦争をしましたけれども、南ベトナムの政府や軍の腐敗もあって、なにしろ大国アメリカの国家・国民・軍隊が一体になっていませんから、徹底的な北ベトナムの抗戦により敗北しました。サイゴンの大使館の頭上からヘリコプターで、外交官や高級軍人が空母に逃げてきました。圧倒的な経済力と圧倒的な軍事力があっても敗れたのです。

そこでアメリカはその教訓に基づき、「ワインバーガー・ドクトリン」を作りまして、海外に兵力を投入するときの基準を定めたのです。6項目ありますが、その中で一番重要な基準は、「国会の同意を得ること」です。湾岸戦争でブッシュ大統領はそのとおりのことを行ったのです。そして上下両院の完全な同意を取り付け、砂漠に兵力を集中して我慢に我慢を重ねて、多国籍軍によって鎧袖一触（がいしゅういっしょく）、イラクの軍隊を撃破したのです。それによってアメリカは名誉を回復しました。

いずれにしましても、どこの国でも、「国家・国民・軍隊が三位一体」でなかったら、どんなに経済力があっても、どんなに軍事力が強くても勝てないということ、そのことは明白です。そのために、各国は様々な努力をしているということです。

三つ目として、国会と内閣の役割の明確化の次に、各省、防衛庁と自治体の役割を明確にすることが挙げられます。そうして国民が本当に国の防衛政策を信頼し、支持するということになってくるようにしなくてはなりません。

第２　戦慄する脅威の実像に私たちはどう備えるか

（「消防防災」2003年秋季号より）

独立総合研究所代表取締役社長・兼・首席研究員　青山 繁晴

はじめに

私たちの社会と祖国に、ほんとうに脅威が迫っているのか。あるとしたら、それは具体的にどんな脅威なのか。

これを知りたいと思っている国民は少なくないだろう。

有事法制が平成15年６月に施行され、平成16年の通常国会には「有事のとき地域住民をどう避難させるか」という国民保護法制案も上程された。

テレビや新聞では、連日連夜、「先軍政治」すなわち軍事絶対優先を叫ぶ北朝鮮の異様な姿が報じられ、戦争が終わったはずのイラクで毎日のように米兵が爆死し射殺され、そこへ自衛隊が派遣される。

安全保障をめぐって洪水のような情報が溢れ出している。

その一方で、分かりやすい明瞭な情報はむしろ珍しい。国民が「真実を知りたい」と願うのは無理もない。そしてそれは実は、一般国民だけではない。

現職の代議士や、さらには閣僚、あるいは高級官僚に至るまで「脅威の実像はいったいどうなんだ」と情報を模索し、不安に駆られている。

私は推測を述べているのではない。

私が不肖ながら代表取締役（兼・首席研究員）を務めている独立総合研究所（独研）は、テロ対策の具体的立案をはじめとする国家安全保障や企業のクライシス・コントロールを主たる業務とするシンクタンクだが、一般市民から代議士、閣僚、高級官僚がいずれも実際に、内密に問い合わせて来られた。

ここでは、そうした問いに対して、私の守秘義務を犯さない範囲内で、できるだけ具体的に、詳細にお答えしたい。

さらに、より根本に近い問題、すなわちこの国の安全保障体制がなぜ国民に安心感よりも不安を与えるのか、その病根にすこし触れてみたい。

北朝鮮の脅威〜ほんとうの脅威とは〜

さて、北朝鮮の脅威をめぐって、マスメディアから国会審議まで、よく耳にするのが「暴発の危険性」である。

つまり、追い詰められた北朝鮮指導部が中距離弾道ミサイル・ノドンを発射して、日本を襲うかもしれないという発想だ。

だが、ほんとうは暴発など基本的にありえない。その一方で、「暴発によるミサイル発射」よりも、リアルな意味で恐ろしい脅威が存在している。

一種のケーススタディを行って、検証してみよう。

まず考慮せねばならないことは、北朝鮮に対して今後、経済制裁が行われる可能性が十分にあることだ。

日本国民が理由なく拉致され、人権も国家主権もはなはだしく侵害されている現在進行形の問題について、対話と交渉によって解決する希望は小さい。

その理由は、北朝鮮がたった今も、工作国家であることだ。外交と工作は、日本を除く多くの先進国で一部オーバーラップしている。だが北朝鮮においては、その度合いが極端であって外交はむしろ工作の一部に過ぎないと言わざるをえない。

帰国の実現した拉致被害者５人は、北朝鮮の工作活動への関与を強いられた度合いが少ないとみられる。

これに対して、拉致の事実は確認されながら北朝鮮が「自殺や洪水で死亡した」と主張し帰国させない被害者は、北朝鮮がどうしても隠蔽したい工作活動に無理に関与させられていたり、あるいは強制的に結婚させられた配偶者（北朝鮮人）が重大な工作活動に従事していたりする可能性が高い。

そうすると、北朝鮮の現在の独裁体制が続く限りは、いかなる交渉を持ってしても帰国が実現しないおそれが強い。

また、実際には100人前後、あるいはそれ以上の拉致被害者が存在する懸念も指摘されている。それらいまだ特定できない被害者の中には、前述の重大な工作活動に従事させられていたり、あるいは極めて不合理な経過をたどって殺害されていたりする例があるのではないかと見られる。

この人々もまた、交渉で帰国する希望はほとんど見当たらない。

しかし小泉純一郎首相、安倍晋三自民党幹事長の体制としては、これを放置するわけにいかない。

日本の現政治体制がいつまで続くかは神のみぞ知るではあるが、基本的には小泉首相が国会論議で何度も触れているように、小泉自民党総裁の新たな任期３年の間は続くとみるのが、現時点では適切であろう。

したがって、小泉・安倍体制の日本はいずれ北朝鮮に対し経済制裁に踏み切って、拉致問題の解決を要求する道筋が、もっとも考えられる。

しかもその場合、日本単独で経済制裁を行うのではなく、国際社会の共同歩調のもとに行われるだろう。

これだけでも北朝鮮には大打撃であるが、これから実行される経済制裁は、過去のものと比べて格段に強烈な衝撃となる。

なぜなら、北朝鮮に対する中国の裏援助が細ってきているからだ。

韓国に亡命した朝鮮労働党最高幹部らの証言によれば、北朝鮮ではすでに350万人ほどが飢え死にしている。北朝鮮は威嚇的な姿勢と肥大した軍部によって存在を大きく見せているが、実際は人口が2,300万人ほどの小国である。餓死者350万人は、人口の15%にも当たる。

この比率を、もしも日本に置き換えれば、東京都民と兵庫県民が一人残らず餓死して、1都1県がすでに消滅していることになる。

これほどの惨たる失政でありながら、金正日総書記による独裁体制が崩壊せずに維持されてきたのは、儒教の風土と共産主義ドグマが結びついた特異な社会環境もあるが、もっとも大きかったのは中国のヤミ支援である。

その中国は、「社会主義の大義」に基づき支援してきたのではない。そもそも中国はもはや社会主義国ではない。経済は日本よりもずっと資本主義的であり、政治だけが共産党一党独裁の国家に変質している。

中国共産党のブレーン機関である社会科学院の幹部はかつて私に、「もし北朝鮮を失えば、我が国の喉元まで親米勢力が上がってきてしまう」と、恐怖の表情まで浮かべながら真剣に語った。

中国はもともと周辺の脅威を非常に恐れる国である。北方の周辺民族を「匈奴」と呼んで蔑視する一方で、その侵入に苦しみ抜いた歴史を持つ。ついにはモンゴルに支配されて「元」となった記憶から、チベットやウイグルといった周辺民族を軍事力で併合し、現在の安寧を図っている。

そのため、中朝国境まで親米勢力が迫ることは、中国に根深い圧迫感、脅威を与える。北朝鮮を裏支援で支えてきたのは、自らの「ノド」を守る思いからだった。

だがブッシュ政権の登場で、アメリカが中国に対して水面下で「北朝鮮へのヤミ支援を続けるなら、アメリカは台湾の独立運動を支援することだってありうるし、中国がアメリカで経済活動をできない措置をとることもありうる」と迫った。

これに対抗できない中国が北朝鮮への食糧を中心とした支援を細らせ始めると、焦った北朝鮮は、それまで日本に売りさばいていた覚醒剤や麻薬を中国でも売るようになり、これが中国指導部の怒りを買った。よけいにヤミ支援が細り、困った北朝鮮は麻薬だけではなくニセ札まで動員して中国から外貨をかすめ取ろうとし、中国のより激しい怒りを買う。北朝鮮にとっては最悪の循環が進行中である。

中国の支えを大きく失いつつある現在の北朝鮮は、日本、アメリカをはじめとする国際社会が経済制裁、ないし経済封鎖に踏み切った場合、それに耐えられない脆弱な体質となっている。

その苦境に陥ったとき、北朝鮮が打開策として使えるのは軍事力しかない。しかし、それはミサイルを使った暴発などではない。

弾道ミサイルを発射すれば、もちろんアメリカや日本の偵察衛星によって歴然と確認され、アメリカは在日米軍基地を守るために直ちに総力を挙げて北朝鮮を攻撃するだろう。

日本がイラクでアメリカを支援するかどうかも関係がない。

アメリカにとって在日米軍基地は、米軍が世界へ前方展開するために絶対不可欠の軍事拠点であって、それをあくまで維持することがアメリカの国益である以上、北朝鮮が弾道ミサイルを発射して日本攻撃に踏み切ればアメリカ軍は間違いなく、北朝鮮を総攻撃する。

北朝鮮の金正日総書記をはじめとする独裁首脳陣は、餓死する国民を尻目に、特権生活を享受している。その特権喪失、そして死を意味する暴発なるものをわざわざ行う理由がない。

では、どんな軍事的行動ならありうるのだろうか。

もしも、晴れた日曜日に、東京お台場の人混みで小爆弾一つが爆発すれば、死傷者が数多く出ることは避けられない。
　それでも爆弾なら日本国民は「ひょっとしたら北朝鮮のテロ攻撃なんだろうか」とは考えても「北朝鮮のテロ攻撃であることが確実だ」とまでは思わない。爆弾マニア、オカルト集団、イスラム原理主義、さまざまな可能性が残るからだ。
　しかし「完成度」の高い生物兵器を使ったテロならどうだろう。例えばボツリヌス菌を乾燥粉末状にして、大阪梅田の地下街でエアゾールから吹き出せば、想像を絶する死者が出る。
　ボツリヌス毒素は「生物世界で最悪最強の毒性」を持つ。オウム真理教事件で有名になったサリンよりも実に500万倍から1,600万倍も強い毒素である。
　そして国民は「北朝鮮ではないか」と強く疑うだろう。こんな強い毒素を安定的に使える状態にして噴霧するなど、たかが素人マニアの手ではできるはずもなく、テロ国家ないし軍事強国が国策として秘密裏に製造した兵器だろうと誰でも考えるからだ。
　事実、朝鮮人民軍（北朝鮮軍）と長らく関係の深かった中国人民解放軍は、その文書の中で「ボツリヌス毒素を乾燥粉末にすることは難しくなく、大量生産が可能だ」との趣旨を明記し、中国軍は弾道ミサイルの弾頭に搭載する兵器として乾燥ボツリヌス毒素を貯蔵していると、アメリカなどは見ている。
　地下街で噴霧された毒が、ボツリヌス毒素だと確認されると、専門家からメディアを通じてこうした事実も国民に伝えられるから、ますます「北朝鮮がテロ攻撃を仕掛けた」との認識が広まるだろう。
　一方で、エアゾールを手にした犯人を市民や警察官が捕らえても、その犯人は口に含んでいた青酸カプセルを嚙み砕いて一言も発することなく即死し、身元を明らかにするものは何一つ持っていないであろう。

国籍を示すものも何もない。下着、衣服、どれも日本で大量に売られているものだ。

犯行声明、ましてや宣戦布告など一切ない。それどころか北朝鮮は、わざわざ朝鮮中央テレビで「日本は、その治安の悪さから悲惨な事件を引き起こしていながら、一部の悪辣な政治家やメディアが、あたかも共和国の関与があるかのごとく言い立てている。日本は共和国に言われなき罪科を押しつけるために、無辜（むこ）の自国民を大量虐殺したのであり、日本こそ、人類史上最悪の謀略国家である」などと、繰り返し激しく非難するだろう。

その放送のゆえにこそ、そして特殊部隊兵士として厳しい訓練を受けたことを強くうかがわせる犯人の行動、また前述したように国家の手によって製造されたことが明らかな高度な生物兵器を見て、多くの、と言うよりほとんどの日本国民が「北朝鮮のテロ攻撃だ。それに違いない」と確信するに至る。

だが、あくまで確証はないのだから、日本政府は実質的には何も北朝鮮に行動を起こせず、アメリカも弾道ミサイルと違って在日米軍基地への攻撃と見なすことは難しいし、北朝鮮のテロであるという証拠を掴むことは不可能だから、軍事行動を起こすことができない。

こうした中、日本国内に「こんな恐ろしいことを引き起こすなら、経済制裁なんてやめてくれ」という世論が一部とはいえ沸騰し、さらに「拉致問題の解決のためとはいえ、国民の命が新たに失われてよいのか」、「むしろ北朝鮮に援助して、拉致問題はじっくり解決を目指していってはどうか」という世論やメディアの論評、あるいは一部政党やNGO／NPOの動きが必ず出てくるだろう。

すなわち北朝鮮の独裁者は、暴発して弾道ミサイルを発射すれば、得るものは死だけであり、姿なき声なき宣戦布告なきテロ攻撃であれば、経済制裁の中止のみならず、うまくいけば何とテロ被害者の日本から潤沢な支援を受けることができるかもしれない。

独裁者がどちらを選ぶかは、明白である。ここにこそ本物の脅威が潜在している。

60年前の大戦当時から変わっていない、日本人の「有事」のイメージ

このことから考えるべき事項は数多い。

その一つには、国民保護法制がある。

この法制を整備するのは政府だが、有事の際に住民避難を実行するのは自治体だから、意識の高い自治体によっては、法案成立どころか法案の閣議決定にも先んじて、図上訓練を行ったところもある。鳥取県がそれだ。

だが、その訓練の前提となっているのは、弾道ミサイルが飛んで来るという情報が政府から提供され、そこから避難の準備や実行が始まるという状況である。いわば、太平洋戦争を描いた映画で空襲警報が鳴り、大八車を引いた国民が逃げてゆくというイメージに近い。

日本人の「有事」、つまり戦争をめぐるイメージが、まさしく先の大戦当時から変わっていないことを象徴するかのような訓練である。

図上訓練を積極的に行ったことは、正しく評価されねばならない。私自身も、鳥取県の取組みに賛辞を惜しまない。

ただ、その訓練を支えるべき基礎認識が、残念ながらやや空想的である。そしてそれは、鳥取県の責任よりも国家の責任によるところが大きい。

まず、これまで詳述してきたように、現代の「有事」とは弾道ミサイルによるより、姿なき声なきテロによって起こされるおそれの方がはる

かに強い。

弾道ミサイルによる脅威の想定は、図上訓練において「どこの国によるものか」は示されない。だが、北朝鮮を想定していることは誰にも明白である。

ミサイルの方が生物・化学兵器より俗耳に馴染みやすいから、より現実的な脅威だと思い込まれがちだ。一般国民がそう考えるのは不思議ではない。しかし自治体や政府といった責任機関が、同じであってはならない。

そして住民避難という課題を考えるとき、ミサイルを想定する場合と、生物兵器を用いるようなテロを想定する場合とでは、根本的に対策や手順が異なっている。

テロに備えるためには、テロがテロであると気づく、事態の初期に認知できる基礎知識と能力を、自治体の担当者たちが身に付けねばならない。空襲警報は鳴らず、自分たちで見つけて警報を鳴らさねばならないのである。

生物兵器を用いたテロであれば、炭疽菌、天然痘、ペスト、コレラ、ボツリヌス毒素といった代表的な生物兵器が使用された場合の人体や環境に表れる特徴だけでも、最低限学んでおき、それへの対処についても一定限度以上の知識は身に付け、訓練を行わねばならない。自治体職員、警察官、消防士の生命を守るためにも絶対不可欠である。

化学兵器、すなわち毒ガスを用いたテロも同様である。

これに加えて、爆発物を用いたテロ、小火器を用いたテロへの対処と住民避難のノウハウを整えてから、蓋然性の低い『弾道ミサイルの来襲』や『特殊部隊兵士の侵攻』などを想定した国民保護の整備に進むのが、正しい自治体と政府の取組みであって、現状は逆さまになっていると言わざるをえない。

もう一度言う。「太平洋戦争での住民避難」のイメージが、この21世紀においても日本ではいまだに自治体の訓練で実は想定されているのであり、この国の安全保障をめぐる意識は、約60年前に停止したまま今日に至っているのだ。

それが、国民保護法制に備える動きにおいても「逆さま現象」を呼んでいる。こう考えれば意識の改革、認識の現代化こそ、まず肝要であることが明瞭になる。

私の属する独立総合研究所（独研）のレゾンデートル（存在意義）の一つも、「祖国と地域に安全保障をめぐり現実的、具体的、そして冷静・客観的な意識を広める」ことにあると考えている。

イスラム原理主義との関係～世界の新たな潮流～

もう一つ、ここでどうしても触れておかねばならないのは、日本が想定し備えるべき脅威とは、北朝鮮だけではないということである。

北朝鮮のように、あまりに無理のある体制はもはや長続きはしない。遅くとも数年のうちには崩壊の道をたどるであろう。つまり、国の長い歴史からみれば、北朝鮮の脅威とはごく短期的なものに過ぎない。

まるで北朝鮮の危険な現実に依存するかのように、安全保障の意識を高め、備えを充実させる手法では、「主権者自らの手で国家と国民の文化と生活を護る」という永遠の課題である安全保障が、一過性のものにすり替わってしまう。

例えば、イスラム原理主義の問題一つを考えても、北朝鮮の脅威よりは、はるかにロングレンジの厳しい脅威である。

東西冷戦の終結によって、第二次世界大戦後の世界をそれなりに秩序立ててきた枠が外れてしまい、イスラム世界と西欧世界がむき出しに衝突している。その火花、さらに炎は長く鎮まらないであろう。

北朝鮮の人口は現在、2,000万強ほどだが、イスラム教人口は世界にざっと10億人である。もちろんその99%は、イスラム原理主義とは無縁の穏やかなイスラム教徒として暮らしている。アメリカ社会の一部、さらには日本を含めた西欧民主主義諸国の一部には、ムスリム（イスラム教徒）はみな隠れテロリストであるかのような誤解が広まっているが、恥ずべき偏見である。

今、この大きな潮流の中で、キリスト教原理主義を内奥に秘めたブッシュ政権のアメリカとイスラム原理主義が、先鋭的に激突している。

アフガニスタンでもイラクでも、戦争が終わったはずなのに戦いが止まず、むしろ新たな非正規戦が激しくなっている真の理由は、そこにある。国家対国家の旧来型戦争ではなく、根深い宗教文化が争う戦いであるからだ。

私たち日本国民は、世界のこの大きな変化をきちんと知らねばならない。

日本は、約60年の長きにわたってアメリカ合衆国に護られてきた。21世紀初頭の今、そのアメリカのために、イスラム原理主義をコアとする国際テロリズムの脅威にさらされつつある。

ブッシュ政権が、大統領の言う「ならず者国家」やイスラム社会に対し、いわば征夷大将軍のごとく「平定」に乗り出し、日本はその大将軍に寄り添う副官の一人と見なされているからだ。

テロ対策の仕事で私がヨルダンからイスラエルに入ったとき、ベツレヘムのパレスティナ自治区で、ＣＤ店の店主が、機関銃弾の穴の無数に空いた壁の前で突然、「ワットタイム・ジャパン・ウィル・ストップ・アメリカ？」と聞いてきた。

私は心から驚いた。

イスラエルに入る前、ヨルダンの首都アンマンで乗ったタクシーの運転手が「ウェン・ジャパン・ストップ・アメリカ？」と、ほとんど同じ問いを投げかけてきたからだ。この運転手も、パレスティナ人であった。ヨルダンには数多くのパレスティナ人が住んでいる。

私は古ぼけた日本車のタクシーの中で、「日本はいつアメリカの行動を止めてくれるのか」と言いたいのか、それとも「いつになったらアメリカへの追随をよすんだ」という意味なのかを考えた。質素な身なりの運転手は背筋をピンと伸ばし、不思議な威厳と誇りが滲み出ていた。

その背中の表情から私は、あぁ後者の意味だなと思った。

中東の人びとは日本を「ライジングサンの国」「サムライの国」と呼んだり、ゲンバクに深い関心を寄せることが珍しくない。

いつ本来の日本に戻って、アメリカと手を切り、われわれの仲間になるのか。

その思いを、この40歳前後のドライバーも私に伝えようとしているのだと思った。

そして、イエス・キリストの生誕教会の地でありながら現在はパレスティナ自治区となっているベツレヘムで、私はまた同じ問いをぶつけられた。

表情を失っているような、このＣＤ店主に私は、なるべく簡潔な言葉を選んで「日本国も日本人も独立しているんだよ」と応えた。

店主はたった一言、「サムライ」と答えて、髭面で微笑した。だが納得している様子ではなかった。その眼は「アメリカからは敗戦後、まだ実は独立していないんじゃないか？」と問いかけていた。彼の英語力ではそれを言うのが難しかっただけだろう。

だが誤解してはならない。これは、アメリカとの同盟関係を断ち切れば日本が安全になることを、いささかも意味しない。

日米関係が揺らげば、まして壊れれば、アジア情勢は必ず現状よりさらに不安定になる。きわめて歪んだ形で共産主義国家が残存するアジア、すなわち主人公のはずの人民を餓死に追いやってきた北朝鮮、過酷な競争経済と独裁政治が同居している中国が存在するアジアの不安定化が進めば、日本はもちろん世界への悪影響は計りしれない。

安全保障の側面だけではなく、経済においても日米関係の悪化は致命傷になる。そして安全保障の動揺とは、経済の不安から実は生じるのであるから、日米関係をおろそかにすれば負の循環を生むことに直結する。

私がパレスティナ人に伝えたこと、そして読者に今、伝えたいことは「アメリカに追従するために日米関係を大切にする」という発想は転倒しているということであり、「世界と、世界の一員として独立している日本に必要であるからこそ、良好な日米関係を維持していくのだ」ということである。

結　語

国民保護法制を含め安全保障をめぐるすべての課題は、理念・哲学と、具体的にしてリアルな対応の両立があって初めて、正しい解決の道が開ける。

追従ではなく、自ら考える日本国民と日本でありたい。

第３　米国連邦政府危機管理組織再編後の運用実態と課題
―国土安全保障省応急対応担当課長の講演より―

（「消防防災」2003年秋季号より）　消防庁防災課長　務台俊介

17万人の巨大組織の誕生

最近、防災・危機管理に対する各方面の認識が高まるとともに、この分野の重要性が高まっています。米国では2003年３月にFEMAがデパートメント・オブ・ホームランド・セキュリティ（DHS、国土安全保障省）に統合されて、米国の危機管理の体制は強化統合の方向にあると思われます。DHSは22の政府機関を寄せ集め17万人の巨大組織となっています。組織改革の概要は、消防庁防災課でまとめた図１のとおりですが、これを見ると複雑な組織の変遷、つまり従来の22の組織がDHSにどのような形で統合されたかが比較的分かりやすく理解できると思われます。

しかし、米国政府機関の皆様も指摘していますが、実際に統合後の組織が初期の理念どおりに運用されていくかは、今後の推移を見ないとその是非の判断は難しいかもしれません。先日もニューヨーク大学行政研究所のデービット・マメン所長が、国連大学で行われた国際防災セミナーでの講演の中で、その点を指摘されておられました。

平成15年８月に、発足間もないDHSの現職の課長、しかもDHSに統合された前FEMAに相当する組織の応急対応担当課長のマイケル・タミロウ氏を日本に招聘し、消防庁及び首都圏８都県市の危機管理担当者との情報交換の場を設けることができました。タミロウ課長は、30年に

図１

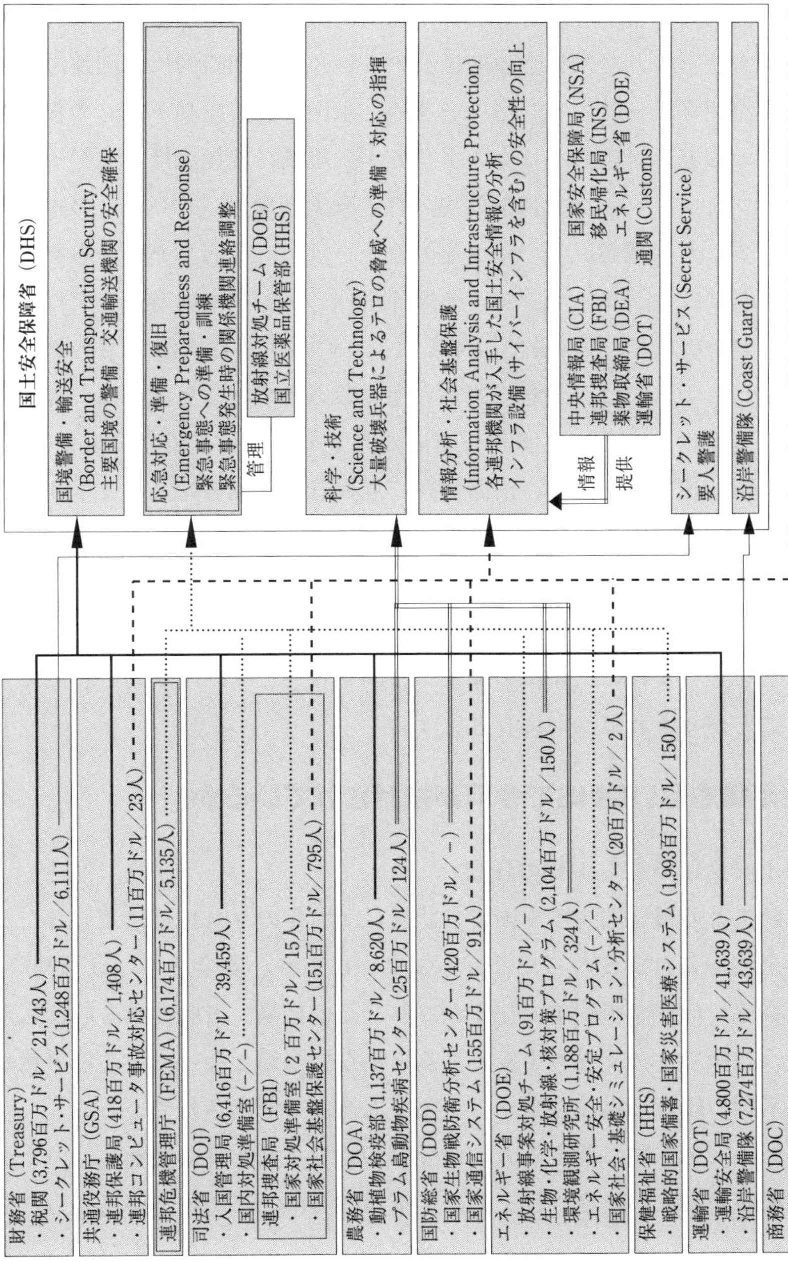

名称の後ろの（　）内の数字は予算額（100万ドル）・職員数（人）を表している

及ぶ消防局の現場経験を有し、米国内、海外における重大事案への出動経験も豊富で、全米検索救助協会のメンバー、国際的にも国連国際検索救助諮問グループのメンバーを務め、米国の災害出動チームの代表も務めている緊急対応のプロ中のプロです。現職に就任前は自らバージニア州のフェアファックス郡消防局の都市検索救助隊（US&R）の隊長でもありました。地震災害ではソ連の地震をはじめ５回、それからテロ災害に関してはオクラホマシティの爆弾事件、2001年の同時多発テロでもペンタゴン、WTCの現場で指揮を執っています。特にFEMAの都市検索救助システムには、設立当初から深く参画している見識の高い方です。

ここでは、タミロウ課長の講演の概要を編集しご紹介するものです。我が国、地方公共団体、消防機関、危機管理研究者にとっても大変参考になる内容が盛り沢山です。個々の項目をDHSのホームページ（www.dhs.gov）から探っていくことでより深い理解も可能となります。今回の講演内容を地方公共団体、消防関係機関、研究者の中で共有することをきっかけに、米国の体験、教訓を我々なりに咀嚼して将来に生かすことができれば幸いに存じます。

発足間もないDHSで今何が検討されているか

国土安全保障省；DHSの任務

防災と危機に関する米国での状況は2001年の９月11日に変わった。世界全体がこれで変わったと言ってよいと思う。安全あるいは福利厚生、安心感、治安が根幹まで揺るがされ、その結果、方向性あるいは焦点という意味ですべて見方を変えざるをえない事態となった。この事態に臨み米国の政府は迅速に動き、重要な大統領令が出されている。

国土安全保障に関する大統領令は2002年２月28日に発効し、いくつかの組織の設立が決定され、ここ１年間ほどはここに焦点が当てられてきた。

図2

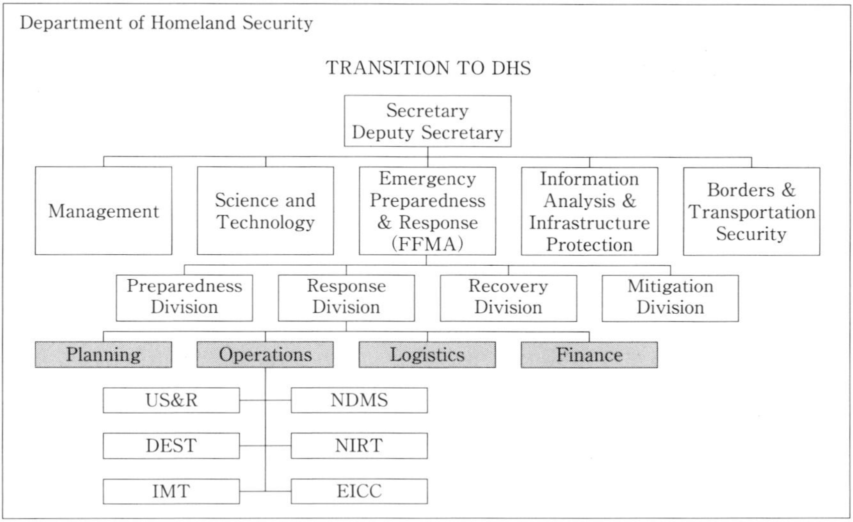

国土安全保障省（DHS）のトップはリッジ長官であり、その下に五つのディレクトレット、部局がある（図2)。各ディレクトレットには次官が任命されている。

図の使命は自明で、当然、テロ攻撃が米国内で起こることを防止することにある。そのためにはアメリカのテロに対する脆弱性を軽減しなければならない。さらに、万が一テロ攻撃が起きた場合には被害を軽減、最小化しなければならず、また、もとより自然災害に関しても被害の最小化を図る必要がある。

国防総省創設以来の最大の組織再編

大きな組織の再編が行われているが、これは、より効果的、効率的な形で対応が可能となるようにとの趣旨によるものだ。しかし、異なる省庁を統合するのは簡単なことではなく、DHSに22を超える既存の省庁を統合し、合わせて17万人を超える職員の異動を伴い、再編規模は過去最大となった。これは1950年代以降、国防総省を創設して以来の大規模な再編だ。国境、交通、運輸系の確保、あるいは重要インフラの防護、情報の収集、脅威リスクの評価、初動対応の準備、緊急事態に対する対応、これらがDHSの重要な任務となった。

膨大な予算配分

ブッシュ大統領の指示により、予算に関して、政府は真剣に取り組んでおり、相当の額をコミットする用意がある。次年度に関しては360億ドル以上の予算がDHSに配分されている。8億2,900万ドルが「脅威の評価と防止」、つまり脅威の発生の抑止に充てられる。8億300万ドルが「新技術の開発」に充てられる。また、59億ドルが「防災と初動体制強化」のために投入される。さらに、最大の180億ドルが「国境、運輸、通信系の防護、保護」に充てられる。

67億ドルが「港と空港、水路に関するセキュリティ、安全性の確保」に充てられるが、国土が広大なだけに、この課題はかなり厳しい対応が求められている。5億ドルは「入国管理サービスの改善」に、13億ドルが「首脳の保護ならびに偽造防止」に充てられる。そのほか、120億ドル以上が様々な手段により国土の安全保障を強化するために全米に振り分けられる。

省の目標；統合の実を上げる、新たな能力の創出、地域の適切な管理

DHSにとっては一つの省として統合したこと、当然のことながら、ばらばらだったグループをまとめることが、第一義的な挑戦課題となっている。しかし、それ以上に重要なのが、新しいサービスの「能力」を生み出すことである。これまで何をしていなかったのか、何を改善することができるのか、が問われている。例えば情報へのアクセスに関しては、高度なIT社会の中で、ある意味では情報の洪水の中から重要な情報を選び出すということも課題となっている。

もう一つ、DHSの目標として重要なこと、それは、とにかく国土が広大であり、地域、地方レベルでの管理がよりよい形で行われることだ。そこで地域、地方に管轄を分けて、より効果的に国土を管理しようとしている。

さらにDHSの使命には、州、地域、民間の活動をサポートすることも含まれている。それをすべてこなしながら、同時に個人の自由の確保も必要で、経済の安全保障も確保する必要もある。

科学技術能力プロトタイプ作り

簡単にDHS５局のディレクトレットを紹介すると、まず、科学技術局は、米国に対して何らかの脅威があれば、それに対応する力を高めてミッション・オペレーションの高度化を行う、という任務がある。例えば、原型、プロトタイプ作りを迅速に行い、科学技術能力のプロトタイプ作りをできるだけ早く行い、システム開発を行っている。また高度なシステム工学の力を使って、科学技術を前進させている。さらに、分析という機能もある。米国の脆弱性を常に精査する必要があり、これは継続的にセキュリティシステムをテストすることによってチェックしていくものである。

ここで強調したいのは、破局的な災害、事件、事故への対応能力である。そのためには当然のことながら現在の能力も向上していくことが求められるが、それ以上に重要なのは、今後革命的に新しい能力を身に付けるということである。

インターオペラビリティーの重視、Public Safety WINS

日本の事情はよく分からないが、米国における重要課題の一つに、よくインターオペラビリティー、相互互換性と言われるものがある。いくつかの異なるレベルで使われる概念であり、例えば消防組織の中で使われることもある。機器、装置を標準化しておくことによって、相互支援の際にお互いに使いこなすことができる、ということになる。最も重要なのは通信の分野であり、これは大統領令の下で主導的に進められ、パブリック・セーフティ・ウィンズ（Public Safety WINS）というものが定められている。WINSというのはワイヤレス・インターオペラビリティー・ナショナル・ストラテジー（全米無線相互互換性戦略）の略称だ。

米国においては、通信技術が地域毎にそれぞれ異なっている。ポータブルのワイヤレスビデオがあるが、周波数帯域が異なったりしている。例えば、ＷＴＣあるいはペンタゴンが攻撃されたときに、相互に通信ができなかったという事実があった。そこで全米的な戦略を作ることによりこの障害を乗り越えようと、効果的な通信を確保しようとしている。

その戦略の一部としてスコアカード、文字どおり「成績表」という制度がある。各州の状況をスコアを付けてチェックする仕組みである。この取組みの中で、14州ではすでに高度な先進的な状態ができていることが確認されている。相互互換性に関しては、14州は少なくとも要求水準を満たしているということが確認されているということになる。

インテリジェンス情報の収集、警告の発信

情報分析・インフラ防護局では、情報を取りまとめて普及していくという使命がある。それは、現在、そして将来の脅威を確定し、評価することである。また脅威があった場合に、我々の弱点等をつきとめて考えていく。そしてタイムリーな形で警告を発信する。「言うは易し」であるが、予防的、若しくは防護的な必要な行動をとることが求められている。

インテリジェンスの分析、それからアラート、警告を出す、これが核心的な作業である。直ちに行動をとることができるようなインテリジェンス情報を集めることが重要である。具体的には、テロ行為を抑止する、未然に防止する、逮捕につながる、といった情報の収集が緊要だ。徹底

的にタイムリーな形で情報を分析しなければならず、その能力を向上しようとしている。

関係省庁間の協力

それを実際に行うために､他省庁と全面協力を実現することが重要だ。例えばNSA（国家安全保障庁）、CIA、FBIとの全面協力が必要である。過去、この点で確かに問題があり、それは同時多発テロで明らかになった。各省庁間できちんとコミュニケーションができていなかった、情報が効果的に共有されていなかったことが反省点として挙げられる。情報分析・インフラ防護局の使命として各省庁間の協力確保がある。

脅威情報の発出のジレンマ

ウォーニング、警告を出すことに関しては、難しい問題がある。脅威のレベルを五つに分けて警告を出している。赤、橙、黄、青、緑の５の色分けが行われている。できるだけシンプルな警告に心がけ、例えば、特殊なあるいは全国規模の脅威に関し、「航空部門が危険である」といったような形の警告を発出している。空間上、あるいはネット上の双方に対して脅威情報を出さなければならない。この情報は、一般の市民あるいは民間の業界、州あるいは市町村などに発出している。

しかし、１年間このシステムを使ってきた経験で言えば、まさに「言うは易し、行うは難し」で、例えば、危険度情報ハイレベルで上から二つ目の橙を発出して何も起こらないと、「あいつらはでたらめを言っているのではないか」と非難される。

一方で、リスクをきちんと高いところに位置づけないままに何かの重大事案が発生したような場合には、「やるべきことをやっていない」と批判されることになる。結局、何をやったとしても批判をされる運命にある。

重要インフラの防護

重要インフラの防護も非常に重要な使命だ。日本や米国のように非常に複雑な高度社会では、テロリストは、重要なインフラを攻撃することによって大きな損害を引き起こすことが可能になっている。重要インフラへの攻撃により、水、食料、農業、エネルギー源、あるいは銀行金融制度を破壊することが可能である。こういった重要インフラを守ることに、国レベルだけではなく州、自治体すべてが責任を共有することとされている。

国境・交通のセキュリティ確保の課題

国境・交通安全局の任務は、国境及び輸入港の安全確保ということにある。米国は海岸線が非常に長く、港、空港も多く、高速道路、鉄道や官公庁の施設の保護が必要であり、その強化のために、入国管理あるいは税関法の所管も変えたのだ。

農業に関する法律については、検疫法は国境で安全を確保する必要があり、州、自治体レベルでもセキュリティに関する準備、対応が必要だ。

国境・交通安全局の下で、入管サービス、国境管理の機能強化は複数の組織が分担管理している。その中でも最大の分野として、市民権及び移民部では、公民権ならびに入管サービスを管轄しているが、現在この部門は非常に厳しい作業を強いられている。例えば、米国の市民権を獲得希望の外国人に関しては処理効率を向上しようとし、ビザの処理の手法も向上し、就労許可などの許認可に関して、あるいは転入者、転居者に関しても十分なサービスを提供しようとしている。テロリストを排除する任務がある一方で、適法な人たちは適正に入国ができるようにすべきことから、非常に難しいプロセスとなっている。

国境ならびに入管に関する法の執行も課題である。入管で、非合法的なものへの対処はどの国でも悩みの種だ。米国は、メキシコが南に隣接し、眼と鼻の先の南東部にキューバがあり、常に我々の悩みである。麻薬取引に関しては長い間の闘いの歴史があり、非常に困難な作業をこの局が担っている。

従来のFEMAはどう変わったのか

私が所属するのは「防災・緊急対応局」という部署で、以前のFEMA（危機管理庁）に当たるところだ。担当次官はマイケル・ブラウンで、次官は、「名称をFEMAに変えるよう」に公式要請をリッジ長官に出している。理由は、もともとFEMAという機関は国民に親しまれ、よく知られており、FEMAという名前を残したいということだ。

国民が「FEMA」という名前を聞くと、仕事の内容が理解できる。突然名前をエマージェンシー・プリペアードネス・アンド・レスポンスという長い名前に変えると、これはかえって混乱の元になるのではないかということだ。ブラウン次官が正しい判断を行いリッジ長官に要請を行っている。リッジ長官の最終決定はこれからだが、おそらく名称は「FEMA」に戻ることになると思われる。

DHSの地域管轄区域とFEMAの地域事務所区域

さて、FEMAは、これまで全米を10の地域に区分して管理してきたが、DHSではどのような地域分割により全米を適切に管理できるか検討中だ。現在の議論としては、FEMAの10の地域区分をそのまま使えばいいのではないかと言われているが、現在その得失の評価を行っており、場合によってはさらに分割したほうがいいのではないかとも言われている。そのほうが効率的なサービスが提供できるのではないかという考えによる。

新生FEMAの機能、うち防災・準備対応部の仕事

国民への事態対応教育支援の重要性

FEMAには４部ある。まず、プリペアードネス、これは防災・準備対応の段階に対応する組織であるが、まずこの部の主な使命について紹介する。

当然のことながら、全米規模で災害準備の対応を行うことが必要で、計画、研修、訓練、情報の共有などが任務で、このうち最も重要な活動は啓発活動にある。全国的な啓発活動を通じて、米国市民が自然災害やテロ攻撃に備えられるように、教育支援を行っていくというものだ。国民一人ひとりが、そしてその家族が適切に事態に備えるため、緊急時用の備品準備、家族との連絡体制の確保（緊急時に連絡をとれるようにするということ）、予想される事態に関する情報提供などが想定されている。重要なのは、災害などが起きる前に準備しておくということだ。

消防活動支援

防災・準備対応部の仕事の最も大きな分野として、消防活動への支援業務がある。実はこれは比較的新しい仕事で、初動対応要員の能力強化を図るものである。

本年度は多額の資金が投入されており、現在７億5,000万ドルが消防庁に提供され､消防庁を経由し各地の消防本部に直接資金が提供される。３年ほど前にこのプログラムが導入されたが、爾来10億ドル以上が拠出されている。

危機管理センターの整備

防災・準備対応部のもう一つの課題は、危機管理センター（EOC）の整備である。いずれの地域でも、EOCと呼ばれるセンターを作るこ

とは、効果的な緊急事態に対応する上で不可欠である。

米国の多くの州や市町村のEOCは物理的にも機能的にも改善の余地があると言わざるをえない。現在、各州には5万ドルを支給し、EOCの評価が行われている。そしてFEMAとしては州や市町村のEOCの強化に向け4億ドル以上の資金を確保している。このうち7,400万ドルを市町村に提供している。

大都市圏医療応急チーム；MMRS

緊急医療面での連邦政府の地域支援任務で重要なものに、大都市圏医療応急チーム（Metropolitan Medical Response Teams；MMRS）と呼ばれる1996年に発足したシステムがある。公衆衛生に対する脅威、大量破壊兵器の使用という事態に備えるため既存の緊急事態対応システムを充実させ、最も重要な最初の48時間に効果的に対応可能な準備と調整を行う仕組みを作り上げている。

地域社会の警察、消防、緊急医療サービス、危険物扱い班（HAZ MAT）、病院、公衆衛生機関などの協力体制を構築し、120の大都市、そして郡部において整備されている。

このチームの任務は、化学・生物・化学物質の同定、医療情報の収集・共有、被災者トリアージと処置、被災者の除染・支援、被災者の受入れ機関への搬送調整などだ。こうした現地におけるニーズを連邦機関が理解しておくことが求められている。

MMRSには5か年戦略計画があり、その中には、現場レベルでチームが適切に活動を行う体制にあるか否かを評価する運用準備体制評価、また、大量死傷者発生対処などがあり、2002年度で23の管区が存在し、またそれぞれの管区ごとに60万ドルの助成金が提供され、能力向上が図られている。

MMRSの理念は単純明快で、大量破壊兵器の使用に対し即時対応できる応急医療というものが人命救助に決定的に重要であるということ、こうした事態に即時に対応できる資源が地方には不足し事態に圧倒される状況が生まれうるということ、現在の特殊医療用備品、装備の実態が不十分であること、したがって連邦政府が大量に即時に支援を行い、地方の対応能力を強化することが求められること、である。

緊急事態管理能力向上助成金

緊急事態管理能力向上助成金という制度があり、現在1億6,500万ドルが確保され、それぞれの地域のリスク、脆弱性に応じて、被害抑止、被害軽減、緊急対応、復興の分野の喫緊のニーズに活用される。地域の緊急事態管理者は、この資金を計画、研修、訓練、必要な設備の整備などに活用することになる。

全国研修センター

FEMAには全国研修センターがあり、ワシントン北部の消防大学と同じ敷地にある緊急事態管理研究所（EMI）の二つがある。両方の施設では毎年約1万3,000人が受講しており、このほかにも通信型のもの、講師の派遣という制度がある。全体では25万人が教育訓練を受けている。

市民防災組織

市民防災組織も重要な機能を有している。国民自身が自分たちの手で自分自身、家族、コミュニティの安全をより確かなものとしていくことが求められている。市民防災組織の内容としては、コミュニティ緊急事態対応チーム（CERT）、警察ボランティア、医療ボランティア、近隣監視チーム、がある。

CERTは、緊急事態の際に地元は混乱状態になるため、地域の住民の緊急事態対応能力を高めるというものである。初動対応者への支援、被災者への応急措置、ボランティアの組織化などがCERTのメンバーには求められる。緊急事態では、ボランティアの組織化が決定的に重要になるが、ボランティアの希望者に何をしたらいいのか指示をしていくということが重要となってくる。このCERTのトレーニングは、45州の341ヶ所で提供されている。

ウェブサイトのディザスター・ヘルプ

今日では、インターネットの活用が非常に重要だが、オンラインのウェブサイトが現在設置されており、連邦、市町村がディザスター・ヘルプというインターネットサイトの下に連携が図られている。このネットは様々な機関が活用しており、US&Rも24のタスクフォースの活動の円滑化に活用している。

復旧部の仕事

復興支援

FEMAには復旧部があり、被災コミュニティを支援し、復興を図るための手段として、公共団体支援、個人向け支援、被害軽減基金がある。連邦政府の復興支援は連邦政府の法律に基づいて行われるが、まず州知事から大統領への支援要請が必要である。災害の規模が州や市町村の災害対応能力を超えていること、連邦政府からの追加支援が必要だということの証明が必要であり、それが確認され、大統領が災害宣言を行ってはじめて、連邦資金を投入することになる。

公共団体支援

公共団体支援事業は、州や市町村が行った災害関連の様々な業務、例えば瓦礫除去、緊急防護措置、道路橋梁修理、水利施設復旧、建築物・設備復旧、公共機能の復旧、公園・娯楽施設の復旧などへの支出に対して、それを払い戻すという制度である。

個人向け支援

個人向け支援事業は、個人や世帯に対して行われるもので、例えば、住居、生活必需品、カウンセリング、災害による失業、法律相談、ボランティア団体支援事業、寄付金の配分などが想定される。地域社会では教会などを含め様々な団体でボランティア活動が行われているが、この個人向け支援事業はあくまでも連邦のプログラムである。連邦プログラムの中に、緊急給食、避難所プログラムというものがあるが、これに対しては、2003年度において、1億5,300万ドルが確保されている。

被害軽減部の仕事

FEMAの被害軽減プログラム

FEMAには被害軽減部があり、その部門の任務は、災害が起きた場合の人々の生命や財産への影響を軽減・除去することにある。河川氾濫地域における建物の安全確保、耐震工事の施工、建築基準の作成・強化、水害保険などがその活動内容である。

主要な6プログラム、すなわち、全国水害保険、全国ダム安全プログラム、全国地震被害軽減プログラム、全国ハリケーンプログラム、外力軽減プログラム、水害被害軽減プログラムが用意されている。

被害予測システム；ALOHA/CAMEO FLDWAV

FEMAでは、ITを利用し、人為的あるいは高度な技術を使った被害を予想するシステムを作り上げている。これはコンピュータ・プログラムで、ALOHA/CAMEOと呼ばれるこのシステムは、ガスや化学物質が大気に放出された場合の被害拡大、すなわち、どういう方向にその物質が拡散するのか、といったことを予測するものであり、FLDWAVと呼ばれる、ダムの決壊の分析を行うものもある。これらはいずれも、自治体が大規模な災害を想定し、それに備えることが目的である。

応急対応部の仕事

応急対応部の使命；標準時間の設定、大量死傷者対応

応急対応部は私自身が所属しているところであり、現在の課題は、一つの部門に様々な機能を統合していく、ということである。それは、出動と到着の標準時間をすべて応急チーム要員に求めていくということに目的があり、米国内でありさえすれば、少なくとも12時間以内にチームが到着できるようにすること、また、生活物資の支援は24時間以内に行う、というのがそれである。

また、大量に発生する負傷者への対応能力の強化も重要だが、この分野についてはこれまで十分な対応体制がなかった。大量死傷者の発生予測とそれを前提にした訓練も重要で、災害拠点病院でそうした機能が果たされている。実際に事故、災害が起きる前に、こうした対策を講じておくことが重要である。

25の高危険度地区の激甚被害応急計画

もう一つの重要な課題は、激甚被害応急計画を作っていくということだ。全米で25の高危険度の地区を定め、この計画を定めている。

この計画には、例えば60日以内に10万人分の避難者向けの緊急収容施設を作る計画、手続、手順を整えるというもの、すべての応急チームに基礎技術、訓練プログラム、習熟度を高め、100％の任務遂行能力を確保するというもの、また、非常にお金がかかるが、すべての応急対応チームに対して、少なくとも毎年１回実施準備態勢訓練を行い、そのレベルを評価するというものが含まれている。

これらが応急対応部の使命、目標であり、現在こうした方向の対応が

着実に進んでいる。

連邦応急対応計画を国家応急対応計画に変更

FEMAには、これまで連邦応急対応計画（Federal Response Plan）があった。この計画に基づいて応急対応を行っていたが、９・11以降の環境変化の中で、現在は国家応急対応計画（National Response Plan）というものを作っている。その目的は、単一の包括的、統合的なアプローチを確立し、連邦政府の予防、対応準備、応急対応、復旧の各活動を、すべての規律、すべての外力に適用できる単一の計画に収斂させるということにある。これは、さまざまなプログラムの並存ということではなく、単一のものにするというものであり、単に連邦政府のみではなく、州、市町村も含めた国家的なものというものであり、すべての規律、すべての外力を含むものであり、いわゆる、事態が起こる前の危機管理と事態が起きた後の被害管理の概念を統合するものであり、対応の責任主体を明示するものである。全体をシームレスな形で統合し、資源を統合的に活用していくところに意味がある。

NIMSの構築

応急対応部の仕事の一つに全米事態管理システム（National Incident Management System ; NIMS）の作成がある。これは大統領令（HSPD）の５番、HSPD－５に基づき、単一の包括的な国家システムにより事態管理を行うシステムを確立するというものだ。

現在は各州、各市町村には異なるコマンド、指揮系統システムがあるが、これを抜本的に改善し、合同で運用できるものとする必要がある。これは規模の大きな試みで、すでに検討チームが発足し、作業が始まっている。できれば今年末までには制度を確立したいと思っている。このシステムが確立できれば、FEMAがNIMSの運用と管理に重要な役割を果たすことになる。

NIMSの基本構造

NIMSの基本構造としては、非常時指揮システム（ICS）をその中核に据え、統合された指揮、制度を異なる州間でも持ちたいと考えており、省庁間の調整のシステムも必要である。また、防災資源の同定、管理が必要で、その資源はトラッキングも必要だ。さらに、災害あるいは事態の推移に関する情報収集、トラッキング、報告といったことも重要な要素である。

医薬品備蓄

応急対応部の仕事として、医薬品の備蓄に関する部門がある。この仕事は、National Pharmaceutical Stockpile ; NPSと呼ばれている。

神経毒性物質、生物性の病原菌、化学物質といった大量破壊兵器の使用に有効に対応できるように必要な医薬品を備蓄しておくためのシステムであり、戦略的に全米各地に備蓄している。テロリストの攻撃が行われた際は、直ちに供給が可能なように備蓄されている。医薬品、ワクチン、医療用消耗品、医療機器などの準備が行われている。

備蓄により、州や市町村が消費した場合には直ちに補給できる体制が整っている。全米各地での戦略的備蓄により、必要なときには、オンサイトで24時間以内に届けることができるようになっている。

災害時医療システム；NDMS

FEMAにはUS&Rなどと提携関係にある姉妹機関として国家災害医療システム（National Disaster Medical System ; NDMS）という災害医療システムがあり、これはもともと米国厚生省（DHHS）にあったものが移管されたものだ。その機能は、大規模な被害が生じたときに医療面の対応、患者の移送、さらには長期的には高度な医療ケアを病院で提供をするということにある。

そのシステムの構成は、様々なチームからなり、例えば災害医療支援チーム（Disaster Medical Assistance Team；DMAT）が39チーム（この他準備中の部隊が15チーム）あるが、これは文字どおり看護婦あるいは看護師、医師、移動病院などからなるチームで、どこでも必要なところに派遣され、被災者・犠牲者支援を行う。

大量破壊兵器国家医療対応チーム（National Medical Response Team/WMD；NMRT/WMD）は４チームあり、この部隊は、大量破壊兵器による除染作業などを直接扱うことになっている。患者搬送を行う前に除染し、病院の汚染を防止するというのが使命だ。

火傷専門チームが５チーム、小児医療チームが２チーム、挫滅医療チーム（瓦礫の下で相当時間生き埋めになった被災者のクラッシュ症候群に対応する専門チーム）が１チーム、国際外科医療チームが１チーム、メンタルヘルスチームが４チーム、獣医学支援チームが４チーム、これは日本では俄かには信じてもらえないかも知れないが、災害時にペット、動物の医療ケアも必要になるということから設置されている。それから埋葬支援チームは11チームある。これは、災害現場からの遺体の処置、例えば飛行機事故のような大量の死傷者が発生するような場合は、かなり包括的な災害医療対応チームが必要となり、各チームが協力しながらそれぞれ責任を負っていくことになる。この他事務処理チームも１チーム設置されている。

DMATの全米配備状況

DMATは全米の各地に配備されているが、地域によっては適切にカバーされていないという認識もあり、現在その評価を行っている。これは厳しい挑戦課題となっており、十分に目標達成ができていない。必ず

12時間以内にどこにでもチームが到達できるか否か、という意味で空白地域がある。評価の結果、おそらく現在チームが配備されていない州にも支援チームが設けられていくものと見込まれる。

DMATの役割

DMATは、被災現場でトリアージを求められる。つまり、犠牲者、被災者に関して直ちにケアをすべき患者の順番を決める。重篤患者に対しては、その場での医療ケアを提供し、けが人の選別、整理を行った上で、最も早く病院に搬送が必要な者を選別する。しかもこの作業を大規模に実施しなければならない。

この際にNDMSは被災現場において、受付センターの役割を担うことになる。特に大規模災害、例えば大地震が発生したような場合に、多くのけが人が突然殺到するようなときに空きベッドのある病院へ患者搬送を適切に行うためには、受付での適切な整理が不可欠である。

NMRT/WMD

大量破壊兵器国家医療対応チーム（National Medical Response Team/WMD）、略称NMRT/WMDは、被災現場で患者搬送前に除染を行う。今のところ四つの除染チームが、ノースカロライナ州ウィンストンセーレム、コロラド州デンバー、カリフォルニア州ロサンゼルス、そしてワシントンD.C.に所在する。ワシントンD.C.のチームは全米には展開しないD.C.だけの常駐、専属チームであり、ほかのチームは全国展開が想定されている。

今のところ、この4チーム全部が大量破壊兵器対応能力を有しているが、課題はチーム数の絶対量の不足だ。12時間以内に全米のどこにでも到達という目標は4チームでは果たせない。

埋葬支援チームが11チームあると先ほど申し上げた。このチームの機能は、遺体の回収、処理だが、埋葬支援チームには、残念ながら大量破壊兵器に十分な対応ができ除染ができるのは1チームしかない。

US&RとIST

私が責任者である組織は都市検索救助隊（Urban Search & Rescue ; US&R）を所管しており、このUS&Rは都市部における捜索、救助に携わり、NDMSなどの部門とも姉妹機関として提携協力にある。US&Rには28のタスクフォースがある。

また、災害支援チーム（Incident Support Teams ; IST）があるが、これはいわばハイレベルの支援チームである。これは指揮メンバーが異なるタスクフォースから集まってできた組織で、事態が発生した際には、指揮に関して複数のタスクフォースをコーディネートする役割を果たす。さらにUS&R技術専門家がいる。これは連邦政府、州、市町村からさまざまな分野の専門家を集めたものである。例えばオクラホマシティ・ビルの爆弾テロなどの際に、事態対処に必要な専門家が集められる。

US&Rの機能の特徴

US&Rの任務の中で、我々が最も重点を置いているのは、倒壊した建物から被災者を救助することだ。例えば鉄筋コンクリート、鉄骨作りの建物から、地震であれ、ハリケーン、トルネード、爆発、大量破壊兵器、テロ、などの原因を問わず、被災者を捜索し救助することだ。

このチームの機能の強さは次のような基盤の上に立っている。すなわちチームのメンバーは、いろいろな分野のトレーニングを受けている。チーム内のすべての役割について訓練を受けていることが求められる。全米で標準化された機器、装備を持ち、トレーニングを受けている。そして24時間のオペレーションが可能になっている。

この24時間運営は、チームを半分ずつに分け、ツーシフト、すなわち日中部隊、夜間部隊ということで24時間オペレーションとしている。最初の72時間は自律的活動が可能になっている。応援部隊がかえって地元の負担になるのを避ける観点に立った体制をとっている。このチームは、要請があってから4時間から6時間以内に出動できる体制になっている。

US&Rの部隊構成

個々のUS&Rタスクフォースの構造だが、ある都市部の部隊の例では、5のブランチに62人の隊員が所属している。捜索、救助、企画、後方支援、医療の5チームがあり、最も大きなブランチは救助だ。

各チームには6万5,000ポンドの重量の機材、装備があるが、水、テント、食料などもすべて持参する。完全に自給できる体制が必要である。繰り返すが、応援部隊が駆けつけたことで被災地にさらなる負担を上乗せするようなことになってはいけない。

US&Rの能力

チームには救助能力が備わっている。しかし、まずは犠牲者、被災者を発見しないことには救助はできない。そこで捜索の能力として、訓練を受けた捜索犬の活用、これは臭いによる捜索、また音響装置、電子的若しくは光ファイバーのサーチカメラの活用、このようなツールを使っている。各チームには医療部門、医師あるいは救急隊、パラメディックもいる。建物構造工学の専門家もいる。適切なアドバイス、情報をタスクフォースの責任者に伝えることにより、倒壊建物などの安全性の有無が判断できる。

倒壊建物で、救助チームが行うことは、まず倒壊あるいは損壊した建物の安定化措置を施すことだ。躯体を支える支柱をしっかり取り付け、建物がそれ以上壊れないようにした上で、中に被災者が閉じ込められている場合には瓦礫を除去して救助しなければならない。木造建物の場合は被災地の地元の人たちだけでも十分対応ができる場合が多いが、我々としてはより対応の難しい複雑な建築物に集中することになる。かなり複雑な構造物で救出が特に困難な場合、例えば鉄筋コンクリート、大型スチールフレームのもの、例えばワールド・トレード・センターなどもその一例だが、こうしたものに対する対処は、同時多発テロ以降新たな構想に基づき、対処策の検討を開始している。

大量破壊兵器対応能力の付加

あわせて、HAZMAT、すなわち危険物を取り扱うことができる能力を備えているチームもあり、大量破壊兵器による被害への対応が可能となっている。大量破壊兵器対応チームには、通常の62名の隊員に加え８人の危険物の専門家を追加している。現在すべてのタスクフォースがWMD対応能力、すなわち大量破壊兵器対応能力を保持できるように準備しており、今年の９月30日付けでこの体制が確立されることになる予定だ。

専門家の追加だけではなく、40万ドル相当の除染あるいは危険物取扱い装備を28のタスクフォースに配分し、装備を高度化している。この資機材は現在配備の真っ最中だ。

軽装備のチームも

今年の６月に始めたばかりの現在進行中の構想がある。ハリケーンのシーズンに始めたものだ。ハリケーンのシーズンは、普通は６、７、８、９月だが、このハリケーンに対しては、いわゆる重装備のUS&R、つまり62人からなるタスクフォース、そして600万ポンドの重量資機材をすべて積載し運んでいても、被害の規模は地震被害に比べそれほど大きな規模ではないのが通常なので、もともと重装備のUS&Rはハリケーン対応部隊としてはそぐわないと考えられていた。

トルネード、ハリケーンではもう少し小規模なチームで対応可能であり、さほど大規模なチームは要らない、あるいは、フルセットの資機材までは要らないということだ。そこで、各チームを再編し、必要に応じて構成の異なる部隊、小規模な部隊で出動することになる。おおよそ28人ぐらいのチームを派遣するということになる予定だ。ハリケーン、トルネード用にタスクフォースを半分にしたことになる。

ハリケーンなどに起因する被害は、例えば鉄筋コンクリートが倒壊するということはなく、どちらかと言えば木造系など、簡単に壊れてしまう被害だ。人命救助に関してもそれほど複雑ではない。基本的には昼間だけのオペレーションを想定しており、装備、備品に関しても軽装備になっても対応可能で重機などは通常不要だ。例えばコンクリートから人を救助するといった重機器が必要なケースはあまりない。スリムで効率的なチームで、効果的、迅速に対応すべきなのだ。想定される事象にあわせて速やかに対応ができる小規模チームも用意していくべきなのである。

US&Rの全国配備状況

US＆Rは28の都市に分散配置されているが、このチームプログラムに関しては米国を東、西、中央の三つに区分して管理している。28のチームが三つの区分地区ごとに配備され管理されている。同時多発テロが起きて以降は､28の都市以外の自治体にも重点を置くようになっている。

他の都市でもこのようなチームを持ちたいという声が出始めているが、FEMAの現在の考えとしては、新しいチームを直ちに設置することは考えていない。今存在している28のチームの強化が先決だ。28チームの100%の効率化を図り、資金、訓練、資機材、装備、能力等の面で、28の既存のチームで必要とされるものをまず確保し、余裕ができる段階で新しいチームをほかの州に設ける可能性を探ろうと考えている。

体験に基づく教訓、ペンタゴン攻撃対応時の臨機応変

以上は制度、仕組みの解説であるが、以降は私自身の経験に基づく教訓をご紹介する。

まず、ペンタゴン攻撃対応時の経験に基づくものだ。これは私にとって印象深い経験であった。私はFEMAの前職において、ワシントンD.C.に隣接するバージニア州フェアファックス・カウンティ消防局勤務であった。ペンタゴンの管轄消防局はお隣のアーリントンであるが、ペンタゴンが攻撃を受けた際に我々フェアファックス消防は直ちに対応を開始した。当時、私自身がUS&Rフェアファックス・タスクフォースを担当しており、実は我々のチームがペンタゴンに最初に到着したチームであった。午後1時にはペンタゴンに到着していた。

我々のこのチームは経験歴が12年から13年あった。その間我々が経験していた事案は、オクラホマシティ爆弾テロ事件、ナイロビの米国大使館の爆破事件、ノースリッジの地震にしろ、対応は国レベルで行われ、我々のような応援部隊が到着したときは事態はおおむね沈静化しているとか、消火が済んでいるケースがほとんどで、我々は直ちに行方不明者の捜索、救助にとりかかれるという状態であった。

さて、我々はあらかじめ定まった戦術、戦略で対応できればよかったのだが、ペンタゴンのケースについては、我々はやや早く到着しすぎた。そこではまだ消火作業が進行中で、火が消えていなかった。夜まで消火作業が続いてしまった。消火作業をしている中でどうやって犠牲者、あるいは被災者を捜索するのか、戦術を変えなければならなかった。

そこで、今レビューをしているが、戦術、戦略を考え直し、消火進行中でも、あるいは大量破壊兵器の攻撃があったときにも対応ができるようにしている。

現場での活動評価の必要性

経験に基づく教訓のもう一つは、オクラホマシティ爆破事件やナイロビの米国大使館爆破事件などにおいて、そしてペンタゴンもWTCも同様だが、ICSの概念を現実に適用していくに当たり必要とされるのは、最初の段階において、誰かがまずサイトマネジメント、現場指揮の段階で活動の評価をするということである。

戦略や戦術を検討する際に、そして救命活動を所轄消防が行っている段階において、全体の状況について誰かが評価するのを認めるべきか、介入してもいいのかということを、検討しなければならない。WTCの対応ではこうしたことを全然考えていなかった。ペンタゴンの対応も同じだ。そして３日目、４日目、５日目になっても、こうした評価に基づく戦術対応がうまくできていなかったために大きな問題を生じることになった。

現場で最初にやるべきであったこと、現場の封鎖

現場において最初にやるべきことは、トラックやクレーンが進入できるようにすること、負傷者の搬出を可能とすること、これを最初の段階で確保していかなければならない。それによって、初動対応のミッション、活動全体の評価が決まってくる。そこで、まず被災現場の周囲を封鎖した。WTC、ペンタゴンでも使ったが、携帯式の鎖によってフェンスを作った。

必要なことは、それを、事態が生じたとき、直ちにやらなければならないということだ。こうした携帯式鎖が最初の２、３時間のうちに用意ができなかったことから、ペンタゴンではそれができなかった。2日目になってようやく入手できた。これによって周囲の封鎖がようやく可能となったのだ。こうしたことができれば、出入口を整調し、誰が入っていいか悪いかということを確保でき、大きなメリットが生まれる。

このことにより身分証明用のバッチシステムの導入も可能になる。特にテロ攻撃などの大規模被災事案などのときには緊要だ。

専門家のアドバイスの重要性

もう一つ重要な点は、ペンタゴンやWTC事件の５日目あたりにおいて、またオクラホマシティの爆破事件においても同様であったが、大規模被災事案においては専門家のアドバイスが必要であるということだ。

例えば、特にDHSの幹部にも申し上げていることは、専門の科学者に来てもらい正確なアドバイスの提供を求めるということだ。例えば空気の汚染状況はどうか、汚染された空気の中で初期対応要員が活動しているからである。またオクラホマ爆破事件では、事件の後２、３日後にさまざまな意見が提示され、どのような防護服を着るのがいいかということについては非常に混乱した。こうした問題は非常に重要だ。

こうしたことはリーダー、幹部が理解しておかなければならないことだが、実は非常に困難なことだ。また、建築構造物技術者のチームが入ってくるわけだが、こうした建物の崩壊についてはさまざまな意見がエンジニアの間には存在し、正しい情報に基づいてリーダーは結論を出さなければならない。ときには間違った情報もある。

現場の管理を適切に行う必要性

ペンタゴンへの攻撃の際のオペレーションは、実は最初の４、５時間はうまくいっていなかった。様々な応急対応チームが来てそれぞればらばらにオペレーションを始め、全体調整がうまくいかなかった。第１日目の午後にはすでにクレーンが設置されているが、本来はどのようなニーズがあるのか把握してから、クレーンの導入、トラックでの瓦礫の搬出、という段取りをつけるべきなのだ。優先順位を決めなければならない。US&Rのチームは、重装備で、軍隊の応急対応チーム、契約職員のチームも入ってきた。こうした多様なチームが混在する中では、現場の管理をきちっとやらなければならないという反省があった。

本来であればペンタゴンにはたいへん大きな駐車場があり、このスペースを活用すれば、より安全にこうしたチームを全体管理することができたはずだった。

予期せぬ状況に対応した弾力的な対応の必要性

ペンタゴンでは、最初の2日間に予期せぬ事態が起きた。US&Rのチームとしては、通常のシグナルを使って建物からの退避を行った。こうした退避は、例えば、地震の余震のときなどに行うことがある。

非常に大きな音を出すエアフォーン、エアゾールを使った信号があるが、それを使うことによって、直ちに建物から退避した。建物からの退避に関しては従来これでうまくいっていた。

しかし、初日に2回、そしてまた2日目に2回の誤情報が入り、レーガン国際空港はすべての航空機が飛行停止という事態となった。ペンタゴンに航空管制官から飛行機が侵入してきているという情報が入ってきたが、その当時、それがテロの飛行攻撃機かどうかということはよく分からなかった。したがって、適正な退避のあり方としては、建物からの退避だけではなく現場からの退避も求められたはずであった。こうした問題が生じたために、これまでの手続を変えなければならなくなった。

テロリストの思惑にはまらないように

反省点がもう一つある。ペンタゴンの被災場所では2,000人以上の者が作業をしていた。北駐車場に設置された現場事務所に作業状況を報告することになっていた。2日目の午後も、同じところに報告することとしていたが、冷静に考えれば、テロの脅威の下にあって間違ったシグナルが発令される中で、毎回同じところを避難場所にしていたのでは、テロリストとして裏をかく気持ちがあれば嘘の警報を出させることによって、あらかじめ避難場所に爆発物を設置し、集まった人々を狙う可能性があるということに初めて気がついた。

避難場所も毎回変える対応により、テロリストの思惑を乗り越えなければいけなかった、ということが教訓となった。こうした事態に関してはいまだ経験したことがなかったことでもあり、ともかく様々なことを考えなければならないという多くの教訓を得た次第だ。

結　語

以上の話を簡単にまとめたい。米国が再編し、連邦資産、資源を有効に展開しようとしている組織は、22の政府機関から集めた17万人を擁する新しい組織であるが、実はこれだけではなく、州、市町村もまとめようとしている。全米の各レベルにおいて再編、高度化を図り、関係部門との連携を強化し、統合の実をあげなければならない。とにかく連携が重要なのだ。

さらに、必要な国の資金を適正に配分していかなければならない。相当の連邦資金が議会の承認を得てすでに確保されている。研修、訓練、認証、資格の付与は非常に重要な課題であり、それを適正に保つために演習訓練、評価ということも重要になってくる。

＜参考文献＞

『消防研修』第74号、第75号、消防大学校
『月刊フェスク』2003 11月号、2004　1月号、(財)日本消防設備安全センター
『消防防災』2003年秋号、東京法令出版
『月刊地方自治』No.647、No.655、No.657、No.672、No.675、地方自治制度研究会、ぎょうせい
『平成14年度 消防大学校教育実施要領』消防大学校
『防火』第130号、第134号、(財)日本防火協会
『市政』2003　vol.52、全国市長会
『地方議会人』全国町村議会議長会、中央文化社
『季刊 消防科学と情報』No.73/2003、(財)消防科学総合センター
『新日本の災害対策』災害対策制度研究会、ぎょうせい
『防災辞典』日本自然災害学会、築地書館
『防災学ハンドブック』京都大学防災研究所、朝倉書店
『Asian Conference on Disaster Reduction』UN/ISDR,Cabinet Office of Japan, Hyogo Prefecture, Asian Disaster Reduction Center(ADRC), Disaster Reduction Alliance(DRA)
『MULTI HAZARD』Federal Emergency Management Agency
『2002年 地域安全学会梗概集』地域安全学会
『地域安全学会論文集』No.4 2002.11、地域安全学会
『図解 日本の防災行政』災害対策制度研究会、ぎょうせい
『自主防災組織の手引き－コミュニティーと防災－』総務省消防庁
『BFCわたしの防災サバイバル手帳』総務省消防庁
『自主防災リーダーマニュアル あなたの家庭とまちを災害から守るために』浦野正樹、東京法規出版
『婦人防火クラブリーダーマニュアル 災害に強いしくみづくりをめざして』(財)日本防火協会、東京法規出版
『行政の危機管理システム』(財)行政管理研究センター、中央法規出版
『災害時のボランティア活動のための環境整備に関する検討報告書』総務省

消防庁
『地域の安全・安心を実現するために－自主防災組織の新たな在り方について－』地域の安全・安心に関する懇談会
『よくわかる自治体の防災・危機管理のしくみ』鍵屋一、学陽書房
『武力攻撃事態対処法の解説Q&A』武力攻撃事態対処法研究会、ぎょうせい
『民間防衛』スイス連邦法務警察省、原書房
『イミダス特別編集 日本列島・地震アトラス 活断層』集英社
『Newton ニュートン別冊増補版 せまり来る巨大地震』竹内均、ニュートンプレス
「怒る富士」新田次郎、『文芸春秋』1974年 3 月
『いのちを守る地震防災学』林春男、岩波書店
『大規模災害における緊急消防援助隊ハンドブック』防災行政研究会、東京法令出版
『平成14年版 防衛ハンドブック』朝雲新聞社編集局、朝雲新聞社
『防衛学研究 第29号』防衛大学校防衛学研究会
『テロ災害に対する消防活動テキスト』総務省消防庁
『マッキンゼーレポート』マッキンゼー社、まちづくり計画研究所
『米国対テロ現場対応心得』米国司法省米国連邦危機管理庁、ぎょうせい
『最新・アメリカの軍事力』江畑謙介、講談社
『生物化学兵器』小川和久、啓正社
『新戦争論』メアリー・カルドー、岩波書店
『アメリカの対テロ部隊』S.トマイチク、並木書店
『日本は国境を守れるか』小川和久、青春出版社
『実録 太平洋戦争』秦郁彦、光風社出版
『宣戦布告』麻生幾、講談社
『合衆国戦略爆撃調査団民間防衛報告』合衆国戦略爆撃調査団民間防衛局、広島平和文化センター
『米国戦略爆撃調査団報告』航空自衛隊幹部学校〔訳編〕
『東京大空襲・戦災誌』『東京大空襲・戦災誌』編集委員会 、講談社

『核燃料加工施設臨界事故の記録』茨城県生活環境部原子力安全対策課
『危機と戦う』小川和久、新潮社
『一人ひとりを大切にする国家』滝実、日本法制学会
『21世紀サバイバル・バイブル』柘植久慶、小学館
『失敗の本質』戸部良一、中公文庫
『消防・防災機器総合カタログ』帝国繊維㈱
『韓国民防衛基本法』
『韓国民防衛業務推進計画』

事項索引

あ行

安全保障会議 ……………49, 131
安全保障会議設置法 …………131
安否情報 …78, 93, 94, 100, 107, 110
伊勢湾台風 ……………………43
イラク人道復興支援特別措置法 ……………………………20
インターオペラビリティ (Interoperability 相互互換性) ·153
援助 ……………………………92
欧州・大西洋災害対応調整センター (EADRCC：Euro-Atlantic Disaster Response Coordination Center) ……………………174
欧州・大西洋パートナーシップ理事会 (EAPC：Euro-Atlantic Partnership Council) ………173

か行

合衆国戦略爆撃調査団 ………181
加入 ……………………………35
簡易型地震被害想定システム …47
関係閣僚協議 …………………49
関係課長会議 …………………131
官邸危機管理センター ………46
危機管理センター (EOC：Emergency Operations Centers) ……………………154
危機管理の体制整備 …………136
北大西洋条約第５条 …………171
汚い爆弾 ………………………176
基本指針 ………79, 82, 84, 85, 133
救援 …90, 91, 92, 101, 104, 107, 108, 110
緊急参集チーム ………………48
緊急消防援助隊 …………50, 100
緊急対処事態 ……81, 106, 107, 108
緊急対処事態対策本部 ………107
緊急対処保護措置 ……………107
緊急通報 …………………94, 95
計画委員会 (Planning Board, Planning Committee) ………173
警報 ……………81, 84, 85, 86, 95, 103, 104, 107, 108
原子力防災管理者 ……………98
原子力防災管理者等 …………98
高機能情報通信対応防災無線 (デジタル同報無線) ……………137
厚生労働省 ……………………110
合同医療委員会 (JMC：Joint Medical Committee) ………173
国際人道法 ……………………34
国際的な特殊標章 ……39, 103, 109
国際平和協力法案 ……………18
国土安全保障省 (U.S.Department of Homeland Security：DHS) ……………………65, 149
国土安全保障法 (Homeland Security Act of 2002) ……149
国民保護運用室 (仮称) ………133
国民保護企画室 (仮称) ………133
国民保護協議会 …………80, 142

国民保護計画 ……………………133
国民保護啓発・育成 …………137
国民保護対策本部 ………83, 104
国民保護対策本部長 ………83, 84
国民保護フォーラム …………137
国民保護法制 ……………………57
国民保護法制整備本部 ……57, 130
国民保護モデル計画 …………134
国連カンボジア暫定統治機構
(UNTAC：United Nations
Transitional Authority in
Cambodia)……………………18
国連テロ対策委員会 …………174
国連平和維持活動 ………………18
5条任務 ……………………171
国家災害時医療システム
(NDMS：National Disaster
Medical System) ……………155

さ行

災害支援チーム(IST：Incident
Support Teams) ……………156
災害対策基本法 …71, 78, 82, 92, 96
災害派遣 ……………………110
在ペルー日本国大使公邸占拠事件
……………………………45
自衛隊、米軍等関係機関との行動調
整 …………………………136
自主防災組織 ……………………87
自主防災組織活性化事業 ……138
地震被害早期評価システム(EES：
Early Estimation System)……47
事態対処専門委員会 ………49, 132
自治事務 ……………………108
市町村国民保護対策本部長 ……83
指定行政機関 ……85, 97, 102, 103
指定行政機関及び指定地方行政機関
……………………………85
指定公共機関 ‥71, 79, 83, 84, 86, 88,
89, 90, 91, 92, 95
指定地方行政機関 ……………85
指定地方公共機関 ………81, 82, 83,
84, 86, 88, 89, 90, 91, 92, 95
シビリアン・コントロール ……14
市民防護委員会 (CPC：Civil
Protection Committee)……173
衆議院事態対処特別委員会 ……21
ジュネーヴ諸条約 ……………34
ジュネーヴ諸条約第一追加議定書
………………………78, 93, 103
消防組織法 ……………………110
消防団 …………………………87
消防団総合整備事業……………138
消防庁長官 ……………………100
新戦略概念 ……………………171
生活関連等施設 ………………97
赤十字標章 ……………………103
全米被害管理システム(NIMS：
National Incident Management
System)…………65, 137, 155
総合調整 …………71, 84, 89, 108
総合調整権 ………………83, 84
相互互換性 (interoperability イン
ターオペラビリティ)………175
総務省消防庁 ……………80, 110

た行

第一追加議定書 ………………34

第１分類 ……………………15
対策本部 ……………82, 83, 95
対策本部長 ‥84, 89, 90, 95, 101, 108
第３分類 ……………………15
対処基本方針 ……82, 83, 84, 107
大都市圏医療応急チーム
（MMRS：Metropolitan Medical
Response Teams）…………154
第二追加議定書 ……………34
第２分類 ……………………15
退避 …………………………96
退避の指示 …………………95, 96
大量破壊兵器（WMD：Weapons of
Mass Destruction）…………172
治安出動 ……………………110
地域情報収集 ………………135
地域防災計画 ………………82
地下鉄サリン事件 …………45
地方財政措置 ………105, 106
中央防災会議 ………………45
中央民防衛協議会 …………157
地理情報システム（GIS：
Geographical Information
Systems）……………………135
地理防災情報システム（DIS：
Disaster Information System）
……………………………47
テロ対策特別措置法 ………19
テロに対するパートナーシップアク
ションプラン　（Partnership
Action Plan Against Terrorism）
……………………………175
東京大空襲・戦災誌 ………191
ドゥリットル空襲 …………179
都市検索救助隊（US&R：Urban
Search&Rescue）…………156
都道府県国民保護対策本部長 ‥83

な行

内閣危機管理監 ……………45, 48
内閣情報調査室 ……………45, 47
日米安全保障共同宣言 ……18, 19
日米防衛協力のための指針 ‥18, 19
日本赤十字社 ………84, 91, 94

は行

阪神・淡路大震災 …………45
非５条任務 …………………171
被災情報 ……………100, 101
被災情報収集 ………………135
非対称的な攻撃 ……………148
避難 …………………101, 103
避難実施要領 ………86, 87, 90
避難措置の指示 ‥81, 85, 86, 90, 95
避難の指示 …………86, 89, 95
避難マニュアル ……………81
武力攻撃災害 ………………78
武力攻撃事態対処関連三法 ‥‥130
武力攻撃事態対処法 ‥‥21, 55, 56,
57, 131
武力攻撃事態等 ……………55
武力攻撃事態等対策本部 ‥82, 107
武力攻撃に係る被害想定 ……136
米国同時多発テロ ………55, 174
平和のためのパートナーシップ
（PFP：Partnership for Peace）
……………………………172
防衛出動 ……………………110

防災行政無線 ···········81, 85, 95
防災担当大臣 ·················45
法定受託事務 ·············71, 108

ま行

民間非常事態計画
(Civil Emergency Planning)
···························171
民間非常事態計画高級委員会
(SCEPC：Senior Civil Emergency
Planning Committee)········172
民間防衛 ················38, 103
民防衛警報 ··················161
民防衛制度 ··················157
民防衛隊の任務 ··············159
モデル避難マニュアル ········136

や行

有事法制 ·····················15

ら行

連邦危機管理庁 (FEMA：Federal
Emergency Management
Agency) ··················149

欧文

CPC：Civil Protection Committee
市民防護委員会·············173
Crisis Response Operation ····171
DIS：Disaster Information System
地理防災情報システム········47
EADRCC：Euro-Atlantic Disaster
Response Coordination Center
欧州・大西洋災害対応調整センター························174
EAPC：Euro-Atlantic Partnership
Council 欧州・大西洋パートナーシップ理事会···············173
EES：Early Estimation System
地震被害早期評価システム····47
EOC：Emergency Operations
Centers 危機管理センター ··154
FEMA：Federal Emergency
Management Agency 連邦危機管理庁····················149
GIS：Geographical Information
Systems 地理情報システム
···························135
Homeland Security Act of 2002 国土安全保障法···············149
ICS：Incident Command System
····························51
IST：Incident Support Teams 災害支援チーム ··············156
JMC：Joint Medical Committee 合同医療委員会··············173
MMRS：Metropolitan Medical
Response Teams 大都市圏医療

応急チーム……………………154
NBC ……………………98, 99, 107
NDMS：National Disaster Medical System 国家災害時医療システム ……………………155
NIMS：National Incident Management System 全米被害管理システム ……65, 137, 155
Partnership Action Plan Against Terrorism テロに対するパートナーシップアクションプラン ……………………175
PFP：Partnership for Peace 平和のためのパートナーシップ ……………………172
Planning Board,Planning Committee 計画委員会……………………173
SCEPC：Senior Civil Emergency Planning Committee 民間非常事態計画高級委員会……………172
UNTAC：United Nations Transitional Authority in Cambodia 国連カンボジア暫定統治機構……………………18
US&R：Urban Search & Rescue 都市検索救助隊……………156
U.S.Department of Homeland Security：DHS 国土安全保障省 ……………………65, 149
WMD：Weapons of Mass Destruction 大量破壊兵器 …172

有事から住民を守る

—自治体と国民保護法制—

平成16年3月30日　初　版　発　行

編　著　国民保護法制運用研究会
（代表　務台俊介）

発行者　星　沢　哲　也

発行所　東京法令出版株式会社

112-0002	東京都文京区小石川5丁目17番3号	03(5803)3304
534-0024	大阪市都島区東野田町1丁目17番12号	06(6355)5226
060-0009	札幌市中央区北九条西18丁目36番83号	011(640)5182
980-0012	仙台市青葉区錦町1丁目1番10号	022(216)5871
462-0053	名古屋市北区光音寺町野方1918番地	052(914)2251
730-0005	広島市中区西白島町11番9号	082(516)1230
760-0038	高松市井口町8番地8	087(826)0896
810-0011	福岡市中央区高砂2丁目13番22号	092(533)1588
380-8688	長野市南千歳町1005番地	

〔営業〕TEL 026(224)5411　FAX 026(224)5419
〔編集〕TEL 026(224)5412　FAX 026(224)5439
http://www.tokyo-horei.co.jp/

ISBN4-8090-2182-3